수학하길 참 잘했다

수학하길 참 잘했다

초판 1쇄 인쇄 2024년 8월 25일
1쇄 발행 2024년 8월 30일

지은이 김성우
대표·총괄기획 우세웅

책임편집 한홍
표지디자인 김세경
본문디자인 박정호

종이 페이퍼프라이스㈜
인쇄 ㈜다온피앤피

펴낸곳 슬로디미디어
출판등록 2017년 6월 13일 제25100-2017-000035호
주소 경기 고양시 덕양구 청초로66, 덕은리버워크 지식산업센터 A동 15층 18호
전화 02)493-7780 **팩스** 0303)3442-7780
홈페이지 slodymedia.modoo.at **전자우편** wsw2525@gmail.com

ISBN 979-11-6785-222-9 (03410)

선생님과 제자들이 수학에 담긴 인생을 즐기는 법

수학하길 참 잘했다

김성우 지음

슬로디미디어

들어가며

고등학교 1학년 때, 어떤 계기로 학습에 대한 동기가 부여된 이후로 내 인생은 달라지기 시작했다. 다소 뒤늦게 공부를 시작하며 마주한 여러 과목 중에서 수학은 가장 넘기 힘든 산이었다. 하지만 힘든 만큼 버티고 버티며 한 걸음씩 오를 때마다 그만큼 성취감을 크게 느끼기도 했다. 어려운 개념을 이해하고 이를 문제 풀이에 적용하여 공부에 매진하며 3년을 울고 웃다 보니, 나는 어느새 수학 교사가 되겠다는 꿈을 가진 사범대학 수학교육과 신입생이 되어 있었다.

2003년부터 석사 과정을 밟는 동시에 학교 현장에서 강사로서 교직을 경험하기 시작했다. 수학 교육 현장에서 많은 것을 보고 배우고 느낄 수 있었으며, 각양각색의 배경과 다양한 생각을 가진 학생들을 만났다. '오늘에 안주하지 말자'는 마음으로 꾸준히 새로운 목표를 향해 도전하다 보니, 이제는 대한민국 공교육 분야에서 꽤 다양한 경험을 쌓은 교사가 되었다. 우리나라의 수학 교육에 대해 직접 경험하고 느낀 것이 많아지면서, 수학 교육으로 인해 고민에 빠진 학부모와 학생에게 해주고 싶은 이야기들이 하나둘 슬며시 생겨났다.

수학교육과 석사 과정 2년차에, 은퇴를 목전에 두신 존경하는

지도교수님께서 마지막 수업에서 제자들에게 전하신 당부의 말씀은 "교사로서, 올바른 인간 교육이 되어야 할 수학 교육에 대해 잊지 말아달라"는 것이었다. 올바른 인간 교육으로서의 수학 교육이라니. 나는 아직 그것이 어떤 교육인지, 어떻게 해야 그 경지에 도달할 수 있는지 명확한 결론을 내리지 못했다. 하지만 사랑하는 두 자녀를 키우고 있는 아빠로서, 내 아이를 위한 바람직한 수학 교육에 대해서는 이야기할 수 있을 듯하다.

한때 수포자였지만 EBS 수학 강사가 된 사람의 성장 과정에 대한 이야기가 수학으로 인해 힘들어하고 있는 학생과 학부모에게는 힘을 주는 조언이 되리라고 생각한다. 나를 사랑해주는 제자들에게 부끄럽지 않은 교육자이자 어른이 되기 위해, 나는 지금도 새로운 도전을 준비하고 있고 '올바른 인간 교육으로서의 수학 교육'을 고민하고 있다.

보이지 않는 먼 곳까지 가고 싶다면 우선 보이는 곳 끝까지라도 가보자. 그러면 처음엔 볼 수 없었던 새로운 길이 보일 것이다.

김성우

차례

들어가며 . 004

PART 1
수포자, 수학 교사의 꿈을 가지다

01 존경하는 분을 만나고 공부를 시작하다 . 11

02 고등학생 시절 나의 수학 공부법 . 18

03 전문 수학 강사가 되기 위한 노력 . 24

04 열심히 공부해도 제자리걸음 같은 수학 공부 . 28

05 수학 실력과 수학 성적은 다를 수도 있다 . 32

06 과외가 독이 되는 경우도 있다 . 35

07 고등 수학, 8개월이면 완성할 수 있다 . 37

08 수학 개인 교습으로 효과를 보려면 . 42

09 수학 선행학습에 대한 교사로서의 조언 . 45

10 수포자, 정말로 포기한 것은 누구인가? . 52

11 전국 정답률 1.9%짜리 문제를 풀기 위한 여정 . 56

PART 2

21명의 제자들이 전하는 공부와 수학에 대한 다양한 이야기

01 공부는 원래 즐거운 것이다 Harvard College 권보경 . 65
02 더불어 살아가기 위해 꼭 필요한 것 Harvard College 황지예 . 71
03 리버럴 아츠 교육으로 배운 참지식 Amherst College 김성주 . 76
04 다양한 도전과 풍요로운 삶 New York University 김민주 . 83
05 자유롭게, 하지만 성실하게 Rice University 이선교 . 93
06 어떻게 문학 소녀는 IT 개발자가 되었는가? 이화여자대학교 서이레 . 98
07 의존하지 않고 스스로 공부하는 방법 University of Pennsylvania 김진아 . 106
08 수학이 재미있을 수 있을까? Cambridge University 황휘 . 112
09 왜 공부해야 하지? Yale University 이지원 . 117
10 스스로 정한 목표여야 이루어진다 Cornell University 진혜빈 . 125
11 내가 수학이 좋아진 이유 서울대학교 안효철 . 132
12 정해진 틀에 스스로를 끼워 넣지 마세요 Duke University 성재훈 . 136
13 성공보다 중요한 것 연세대학교 범승원 . 144
14 수학은 정말로 남는 장사 University of Pennsylvania 박성우 . 150
15 수학에 재미를 붙인 세 가지 비결 KAIST 정서경 . 155
16 꿈을 위해 다시 시작한 공부 세종대학교 박도연 . 160
17 인생의 다양한 가능성을 스스로 닫지 마세요 Yale University 황정민 . 164
18 중요한 것은 기회를 만들려는 스스로의 노력 가톨릭대학교 강지후 . 169
19 세상을 보는 새로운 눈, 미적분 University of Toronto 이지민 . 174
20 공학자를 꿈꾸다 알게 된 수학의 아름다움 서울대학교 장우혁 . 179
21 재능과 노력의 균형을 잡는 영리함 고려대학교 홍준식 . 184

나가며 . 194

PART 1

수포자,
수학 교사의 꿈을 가지다

훌륭한 선생님을 만나고 싶다면 학생 스스로가 자신을 이끌어줄 선생님을 찾아야 하고, 그런 선생님을 만들기 위해 노력해야 한다.

+

×

−

÷

01

존경하는 분을 만나고 공부를 시작하다

중학교 시절, 힘이 없다는 이유로 하이에나 같은 녀석들에게 매일 돈을 상납해야 했고 더위가 기승을 부리는 여름날에는 그 녀석들을 위한 인간 선풍기가 되어야 했다. 부탄가스나 본드를 사다 주는 심부름도 해야 했고, 그저 기분 나쁘다는 이유만으로 주먹질을 당하는 일도 있었다. 얼굴에 멍이 들어도 관심을 가져주는 선생님은 없었다. 어른들이 보기에 나는 늘 계단에서 넘어져서 여기저기 멍이나 드는 바보 같은 학생이었다.

나처럼 약자였던 친구들과 벽돌 공장에서 아르바이트를 하기도 했다. 벽돌 쌓는 작업을 하고 받은 돈으로 학교의 하이에나들에게 상납할 돈을 마련했고, 상납금을 내고도 돈이 좀 생기면 세상에서 제일 재미있는 오락실에 갈 수 있었다.

도대체 왜 학교에 가야 하는지 이유를 몰랐다. 쉬는 시간에는 정글에 떨어진 토끼였고, 수업 시간엔 그것도 모르는 멍청이였다. 그렇게 3년을 살았다. 자존감은 없었고, 내가 하는 말의 절반은 욕설이었다. 내가 무시당하는 것처럼, 나도 나보다 힘없는 사람이면 무시하려는 마음으로 가득 차 있었다. 세상을 바라보는 시선은 어두웠고 공부는 내 관심사가 전혀 아니었다.

그렇게 고등학교로 진학할 때가 되었다. 공고로 진학하고 싶었다. 함께 괴롭힘당하며 친해진 친구들이 모두 공고로 진학하기로 결정했기 때문이다. 한편 뭐든 기술을 배워야 나중에 먹고살 수 있을 거란 막연한 생각도 있었다.

하지만 아버지는 나를 차분히 설득하셨고, 일반 고등학교로 진학했다. 아버지는 대학에 가지 못해도 상관없다고 하셨고, 공부를 열심히 해야 한다는 말씀도 없었다. 그저 기대하신 것은 고등학교 졸업장뿐이었다. 어머니가 동네 수학 학원에 다니게 해주셨지만, 학교에서 딴생각하며 멍하니 앉아 있던 아이가 학원이라고 다르진 않았다. 그렇게 아무 준비도 없이 등 떠밀려 고등학생이 되었다.

***

야간 자율학습이 시작되는 종이 울리고 교복을 입은 녀석들이 하나둘씩 학교로 뛰어가는 모습을 바라보았다. 하지만 난 학교로 가기가 싫었다. 그냥 오락실에서 놀고 싶었다. 그래도 고등학교에 오니 말도 안 되는 이유로 힘없는 친구를 못살게 괴롭히는 하이에나는 별로 없었다. 남고여서 선생들이 학생들보다 갑절로 무서웠고, 학생들이 상대적으로 착하게 느껴졌다.

주머니를 뒤지니 어머니가 저녁 사 먹으라며 주신 돈이 500원밖에 남지 않았다. 500원짜리 동전을 100원짜리로 바꿔서 나를 가장 행복하게 만들어주는 기계 앞에 앉았다. 동전을 넣고 무아지경으로 빠져들었다. 날아오는 레이저를 피해야 한다는 단순한 생각과 재빠른 손동작만이 있을 뿐이다. 아무 고민도 필요 없었다. 필요한 건 집중력뿐이다. 중학교 때부터 줄곧 게임을 하는 시간이 인생에서 가장 큰 행복이었다. 아무것도 아닌 무생물 기계 덩어리가 가장 큰 위안이자 낙이며 목표라는 것이 씁쓸했지만, 적어도 순간이나마 행복을 주었다. 그래서 더더욱 그만둘 수가 없었다.

이제 오락실엔 나만 홀로 남았다. 학교로 돌아갈까 말까 갈등하다가, 이젠 될 대로 되라는 편안한 마음이 들었다. 나중에 커서 오락실이나 하나 차릴 수 있으면 좋겠다. 오락실, 만화방, 떡볶이 가게를 한 건물에 몰아서 차리면 세상 부러울 것이 없을 것 같았다.

등 뒤로 문이 열리는 소리가 들렸다. 누가 나처럼 야자를 땡땡이 치고 왔나 보다 싶었다. 하지만 돌아볼 여유는 없었다. 한시라도 눈을 떼면 내 비행기는 폭발한다. 오락실에 들어온 녀석이 돈을 환전하는 소리가 들렸다. 그것도 많이. 음, 있는 집 자식인가? 다시 잡생각을 멈추고 오락에 집중하다가 오락기 화면에 얼비치는 그림자를 통해 그 녀석이 내 뒤에 서 있는 것을 알았다. 아마 이 게임이 하고 싫었나 보다. 하지만 어쩌냐? 나는 고수라서 오래 기다려야 할 텐데.

그런데 갑자기 그 녀석이 내 옆에 앉더니 내가 하고 있는 오락기에 돈을 넣었다. 헐?! 이 녀석은 뭔데 내 동의도 없이 같이 하려고 하는 거지? 참 황당한 녀석이네. 고개를 돌렸다. 하지만 고개를 돌려 그 녀석을, 아니, 그분을 보자 나의 황당함은 당황함으로 바뀌었다. 그분은 나의 담임선생이었다. 선생님은 내 얼굴을 한번 보고 씨익 웃으시더니 2인용 비행기를 출격시키셨다. 우리의 어색한 비행은 그렇게 시작되었다.

만감이 교차했다. '날 잡으러 오셨나? 게임이 끝나고 데려가서 때리겠지? 그런데 게임은 왜 하시는 거지? 일단 때리기 전에 자비를 베푸시려는 건가?' 머릿속이 복잡하다. 하지만 복잡했던 머릿속은 점차 단순해졌다. 선생님은 동전을 잔뜩 기계 위에 올려놓으시고는 내 비행기가 모두 터지자 나에게 처음으로 말을 건네셨다. "빨리 이어서 들어와. 오늘 끝판 깨보자!"

그 말을 듣고 나니 마음이 편안해졌다. 일단 끝판을 깨는 것이 중요하다. 고민은 필요 없다. 한 번도 이 비행기 오락의 끝판왕을 깨본 적이 없었다. 하지만 오늘은 이야기가 다르다. 누가 그랬더라, 오락기의 끝판왕이 가장 무서워하는 것은 게임 고수가 아니라 동전 많은 집 자식이라고. 선생님은 실력이 형편없었다. 대신 동전은 끝이 없었다. 나오자마자 몇 발 없는 폭탄부터 냅다 쓰신다. 대박. 끝판왕도 무한 폭탄 세례에는 두 손, 두 발을 들었고, 나는 처음으로 그 오락의 끝판을 깰 수 있었다. 게임의 엔딩 화면이 올라가는 것을 보자, 잠시 접어두었던 당황함이 갑작스레 밀려왔다. 할 말도 없고 무슨 말부터 해야 할지 몰랐다.

* * *

"성우야, 우리 이야기 좀 할까?"

선생님은 나를 데리고 가까운 빵집으로 가셨다. 나는 쥐구멍에라도 숨고 싶었지만 선생님을 졸졸 쫓아가 맞은편에 앉았다. 하지만 선생님은 화를 내지도, 혼내지도, 훈계를 하지도 않으셨다. 선생님은 그저 내가 어떤 삶을 살아왔는지 조용히 들어주셨다. 그리고 "그래, 그런 일이 있었구나. 정말 힘들었겠다"라고만 말씀하셨다.

다음 날부터 야자를 땡땡이칠 마음이 들지 않았다. 그리고 한 가지 변화가 일어났다. 담임선생님의 수업 시간에 나는 귀를 열고 선생님의 말씀을 경청하고 있었다. 선생님이 재미없고 어눌한 내 과거 이야기를 경청해주셨던 것처럼.

선생님은 지구과학을 가르치셨다. 난 지구과학이 이렇게나 재미있는 과목이라는 걸 그때 알았다. 그렇게 학문에 대한 호기심은 시작되었다. 선생님이 내주시는 숙제는 꼭 했다. 작지만 큰 변화였다. 어느 날 돌려받은 숙제 노트 구석에 선생님의 따뜻한 말 한마디가 적혀 있었다. "넌 가능성이 많은 사람이야. 한번 해봐." 그리고 그 글귀는 3년간 내 책상 한가운데에 붙어 있었다. 왠지 모르게 그 글귀를 읽으면 힘이 났기 때문이다. 그렇게 나는 공부를 시작했고, 정말 많은 가능성을 가진 사람이라는 것을 비로소 깨달았다.

존경하는 나의 은사님은 2006년 서울시에서 '인성교육 우수교사'로 선정되셨고, 2012년에는 교육과학기술부와 한국과학창의재단에서 '올해의 과학 교사'를 수상하셨으며, 2017년 교보교육재단에서도 '참사람교사'로 선정되셨다. 내가 겪었듯 선생님께서 이러한 상을 받은 것은 너무나 당연했다. 낭중지추라 했던가. 훌륭한 분의 훌륭함은 시간이 지날수록 빛나는 것이었다. 강사로서 최고의 전문성과 선생님으로서의 훌륭한 인품을 모두 갖추신 분이었고, 그런 선생님이 담임선생님이셨던 덕분에 나는 자연스럽게 교사의 꿈을 가진 사람이 되었다. 그리고 시간이 훌쩍 흐른 지금의 나는 정말로 용인한국외대부설고등학교에서 수학 교사를 하고 있다.

그때 선생님의 애정 어린 조언이 없었다면 내 인생은 어떻게 되었을까? 아마도 내가 가진 가능성이 뭔지도 모르고 그냥 그렇게 살았을 것이다. 교사가 되었을 리도 없고, 세상에 대한 불평불만만 가득한 고집불통 어른이 되었을 것이다. 그러나 교사가 되기 위해 사범대로 진학했고, 선생님만큼 멋진 교사가 되겠다는 꿈을 꾸었다.

2013년 스승의 날에 추억을 떠올리며 20년 전 이야기를 편지로 써서 선생님에게 보냈다. 선생님은 허허 웃으시며, 당신이 그 당시 쓰시던 책 《바라지 않아야 바라는 대로 큰다》에 내가 보낸 편지 내용의 일부를 넣어주셨다. 그저 선생님께 감사한 마음을 전했던 건데, 존경하는 은사님이 쓰신 책에 실릴지도 모른다는 이야기를 들었을 땐 신기할 뿐이었다. 20년 전이나 지금이나, 선생님은 나에게 늘 따뜻한 도움이 되어주시는 큰 나무 같다는 생각이 들었다. 마침내 책이 출간되고 선생님의 친필 사인이 담긴 책이 도착했다. 두근거리는 마음으로 책을 단숨에 읽으며 나는 한참 웃었다. 20년 전 선생님이 오락실에 나를 찾으러 오신 것이 아니라 오락이 하고 싶어서 오셨다는 것을 알게 되었기 때문이다. 또한 과거에 선생님께서 내게 무슨 말씀을 하셨는지 제대로 기억을 못 하시는 것도 알았다. 하지만 선생님이 나에게 해주신 따뜻한 말이 내 인생을 바꾸었다는 사실은 조금도 변함도 없다.

* * *

방황하는 학생을 권위적 태도로 질책하지 않고 그 학생에게도 가능성이 있음을 믿어주어야 한다. 부모나 교사에게 이런 믿음이 없다면 학습자의 내면에서 변화가 일어나게 하는 참교육 역시 하기 어렵다. 교직 생활을 하면서, 어렸을 땐 부모가 하라는 대로 열심히 공부하는 것처럼 보였던 친구들이 머리가 크면서 부모의 권위에 반발하고 차츰 공부할 의미를 잃어가며 방황하는 모습을 자주 본다. 무엇이 부족한 걸까? 부모가 정작 자신은 정말 중요한 것을 놓치면서 자녀에게는 공부를 강요하기 때문이다. 부모가 바라는 대로 자녀가 성장하기를 바란다면 자신의 욕심을 자녀에게 투영하지 않는 것부터 시작해야 한다. 정말로 바라지 않아야 바라는 대로 큰다.

02

고등학생 시절 나의 수학 공부법

용인외대부고의 교사, EBS 수학 강사라는 타이틀만 가지고 개천에서 용 났다고 스스로 말하기가 부끄럽다. 하지만 고등학교 입학 당시 나는 $(x+y)^2=x^2+y^2$라고 알고 있을 만큼 수학에 무지했다. 그런 과거를 돌이켜보면 수학을 매우 잘하고 열심히 하려는 학생들이 가득한 용인외대부고에서 수학 교사로 재직하는 데다, 500 대 3의 경쟁을 뚫고 EBS 강사가 되었다는 것은 놀라운 성취라고 자평한다.
(수학교육대학원에서 실제로 저렇게 알고 있는 고등학생이 의외로 많다는 사실을 알았다. 소위 말하는 수포자다.)

＊＊＊

고등학교에 입학하고 태어나 처음으로 공부가 재미있다고 느꼈던 과목은 지구과학이었다. 이는 공부를 시작한 계기가 되었다. 지구과학이라는 과목이 재미있었다기보다는, 지구과학 선생님을 존경하면서 지구과학도 좋아졌다는 말이 맞을 것이다. 대부분의 과목이 기초가 없었지만 그중에서도 가장 극복하기 어려웠던 과목이 수학이었고, 가장 하기 싫었지만 가장 열심히 했던 과목도 수학이었다. 당시 가장 유명했던 교재인 《수학의 정석》을 무작정 풀어보는 것부터 시작했다. 고1 때 동네 학원에서 어떻게 문제를 푸는지 수업을 들었지만, 기초가 부족하니 문제를 풀어나가는 한 단계, 한 단계가 인지적 장벽이었다. 기초가 튼튼하지 않으면 쉽게 넘기 힘든 벽을 느꼈다.

하지만 포기하지 않았다. 나는 이것이 수학을 잘하게 된 첫 번째 이유라고 생각한다. 생각하기를 포기하지 않는 것, '왜 그렇지?'라는 물음이 해결되기 전까진 생각의 끈을 놓지 않는 것. 어떤 학습이든 그렇지만, 끈기 있는 학습 태도야말로 가장 필요하고 핵심이 되는 것이다. 좋든 싫든 수학을 공부하는 사람은 버겁게 느껴지는 장벽에 마주칠 수밖에 없다. 이럴 땐 어려운 내용을 이해하기 쉽게 강사가 아주 꿀 떨어지게 설명하면 이러한 장벽이 조금 낮아지거나 피해 갈 수 있다. 또는 커다란 갑작스레 장벽이 나타나지 않도록 단계를 차근차근 밟고 올라가며 꾸준하게 학습한다면 이런 장벽이 낮춰진다.

그런데 이런 식으로 도움을 받아가며 높은 장벽을 차근차근 올라가야만 수학을 잘 배울 수 있다고 믿는 사람이 많다. 틀린 말은 아니다. 수월하게 수학을 배우는 요령이기는 하니까. 하지만 온실 속의 화초처럼 편안한 환경에서 다른 사람이 하나하나 코칭해줘서 배운 수학보다는, 들판의 잡초처럼 아무도 신경 쓰지 않는 상황에서 포기하지 않고 공부하는 수학은 다르다. 높은 인지적 장벽을 때로는 억지스러울 만큼 노력하여 포기하지 않아 깨달은 수학적 앎은 신비한 성취감을 준다.

* * *

학생을 한 땀 한 땀 정성스레 가르치는 행위는 학생의 수학 능력을 일단은 올려준다. 그러나 어쩌면 보이지 않는 손이 학생의 수학적 잠재력을 주저앉히는 셈일 수도 있다. 예를 들어, 패키지여행은 편안하고 안전하게 많은 것을 경험할 수 있다는 장점이 있다. 하지만 가이드가 보여주는 것만 보고 경험해야 한다는 단점이 있다. 반대로 자유여행은 불편하고 불안하지만, 여행을 시작하기 전에는 생각지 못한 것을 보고 경험할 수 있다. 패키지여행을 계속할수록 '자유여행은 두렵다'는 생각이 들고, 자유여행을 계속할수록 '이제는 내가 못 갈 곳이 없다'라는 생각이 든다.

이와 마찬가지로, '포기하면 편하다'는 마음을 가진 학생이 수학을 잘하기는 힘들다. 그렇기 때문에 수학 능력은 자발적 학습 태도와 매우 깊은 상관관계를 가진다. 어려서부터 수학을 선행학습하는

데 너무 치중하면 자발성을 잃어버리기 쉽고, 어느 순간이 되면 어찌어찌 유지되던 수학 점수가 급격히 무너진다. 특히 본격적으로 대수학과 형식수학을 배우는 고등학교부터 이런 현상이 나타난다. 부모님은 이를 "사춘기가 되고 우리 아이가 달라졌어요"라고 치부하지만, 중학교 때 어느 정도 수학을 잘한다던 학생이 고등학생이 되면 추락하는 이유 중 하나는 자의가 아닌 타의에 의해 학습하는 것이 몸에 배어 있기 때문이다.

* * *

동네 학원을 다니며 수학 문제를 푸는 요령을 배웠지만 쉽게 내 것이 되지 않았다. 그런데 1학년 방학이 되고 수학 실력이 갑작스럽게 늘었다. 그 계기가 독학이었다. 마침 집 근처에 꽤 큰 규모의 공공 도서관이 생겼고, 그곳에서 한 달 내내 수학을 공부하기로 마음먹었다. 수학 책 한 권과 연습장 한 권을 들고 아침 일찍 줄을 서서 도서관 문이 열리기만을 기다렸다. 그리고 매일같이 창가 자리에 앉아 수학을 공부했다.

혼자 도서관 구석에 앉아 문제를 풀어보며 끙끙거렸고, 이해가 안 되는 문제는 고민하다가 해설을 보며 따라 풀어보았다. 하지만 그마저도 잘되지 않는 경우가 많았다. 차츰 가슴이 답답하고 머리가 아픈 지경에 이르렀다. 이게 지속되자 고3 땐 원형 탈모도 겪었다. 그런데 이렇게 끙끙대다 보니 신기한 일이 일어났다. 시간이 너무 빠르게 흐르는 것이었다. 즉, '몰입'이었다. 한참 생각에 빠지다 보면 주변이 사라진다. 사람도, 책상도, 의자도 사라진다. 남은 것은 내 의식과 내가 집중하고 있는 대상인 수학 문제뿐이다. 그런 몰입의 경험을 그때 처음 해보았다.

그렇게 딱 한 달이 지나자 변화가 생겼다. 우선, 늦은 저녁이 되면 도서관이 끝났으니 빨리 나가라고 소리치던 험악한 인상의 경비 아저씨가 어느 날부터인가 인자하게 웃으시며 "학생, 좀 쉬엄쉬엄해"라며 음료수를 주셨다. 그보다 더 큰 변화는 더 이상 수학이 어렵고 무섭게 느껴지지 않는 마음이었다. 새 학기가 되자 수학 시간이 기다려졌다. 그리고 몰입을 통해 수학 능력이 향상되면서 스스로 해봤다는 자신감이 생겼다. 남이 푸는 것을 보기만 하지 않고 온전히 내가 시작하고 마무리해서 문제를 푼 것이 수학 실력이 향상된 가장 큰 원인이었다. 축구 경기를 아무리 열심히 본들 축구 실력이 늘지 않는다. 이미지 트레이닝도 실력 향상에는 중요한 방법 중 하나이지만, 눈으로 익힌 축구는 운동장에서 발휘되기보다는 TV를 보며 입으로만 발휘되기 쉽다. 수학도 마찬가지다.

아무리 남이 잘 푸는 것을 본들 내 실력이 향상되지는 않는다. 남이 수학을 푸는 것을 보는 행위는 미로를 탈출하는 과정을 미로 위에서 스카이 뷰로 보는 것과 같다. 그렇게 보면 모든 길이 다 보이고 어떻게 빠져나가는지 보인다. 하지만 수학 문제를 직접 풀면 그 미로에 직접 들어가는 것과 같다. 전체를 위에서 내려다보며 미로를 탈출한 경험이 아무리 많아도 막상 미로에 들어가면 별 도움이 안 된다. 이것이 바로 학생들이 "시험이 끝나면 잘 풀리는데 시험 중에는 왜 그렇게 안 풀리는지 모르겠어요"라고 어려움을 호소하는 주요 원인이다.

시험 중엔 심리적으로 미로 안에 있다. 하지만 시험이 끝남과 동시에 미로 밖에서 미로를 관망할 수 있다. 그렇기에 수학 학원에서 강의를 열심히 들으면 일시적으로 수학 점수에 도움은 될지 몰라도 실력 자체가 늘었다고 보기는 어렵다. 특히 문제를 배배 꼬아놓고 그 문제 풀이로 수학 실력을 측정하는 우리나라 수학 평가 방식의 특성상 더욱 그렇다. 쌍방향 소통이 아닌 일방통행식인 인터넷 강의는 말할 것도 없다. 열심히 보면 도움은 되겠지만 수학 실력 자체가 느는 것이 아니다. 강의는 맨땅에 헤딩하지 않도록 도움을 줄 뿐, 강의를 듣고 난 후 스스로 미로로 들어가 진짜 수학 공부를 시작해야 비로소 실력이 는다는 것을 명심해야 한다.

그러므로 강의를 듣는 시간과 스스로 '몰입'해서 공부하는 시간의 비율은 3 대 7이 좋다. 강의 없이 완전히 모르는 상태에서 스스로 공부하고, 결국 해결되지 않는 내용을 강의를 통해 해결할 수 있다면 가장 이상적이다.

03

전문 수학 강사가 되기 위한 노력

내가 고2 때 국가적으로 경제 위기가 왔다. 그러면서 아버지가 다니던 회사도 부도가 나서 문을 닫았다. 아버지는 퇴직금도 제대로 받지 못하고 실직하셨지만 두 달간 가족에게 그 사실을 숨겼다. 대신 아침마다 넥타이를 매고 집을 나섰다. 어떻게든 다른 직장에 취직한 뒤에 사실대로 이야기할 생각이었다고 하셨다. 하지만 나라 전체가 휘청이고 많은 사람이 동시에 실직한 경제 위기에 재취업은 쉬운 일이 아니었다. 아버지의 실직으로 나는 다니던 동네 학원을 그만두어야 했다.

성적도 꾸준히 오르고 공부에 재미를 붙일 무렵이어서 학원을 그만두는 것이 아쉬웠다. 그런데 그게 오히려 새로운 기회가 되었다. 나는 학교가 끝나자마자 대형 단과 학원으로 향했고 수업을 들었다. 단과 학원의 학원비는 동네 학원에 비해 상당히 저렴했다. 400명 넘는 학생을 커다란 강의실에 몰아넣고 가르치는 단과 학원의 최고 인기 선생님의 수업에서는 '왜 그렇게 해야만 풀리는 거지?'라는 내 질문에 대한 답을 명쾌하게 보여줄 때가 많았다. 수강생은 대부분 재수생이었기에 학교가 끝나고 아무리 빨리 뛰어가도 늘 맨 끝자리에 앉아야 했다. 어쩔 때는 학원 앞에서 파는 싸구려 망원경으로 칠판을 봐야 하는 황당한 날도 있었지만, 수업을 들을 때마다 깨달음을 얻었기에 힘들어도 힘든 줄 모르고 공부했다. 그리고 나도 저렇게 멋지게 강의할 수 있는 수학 강사가 되면 좋겠다는 생각이 들었다.

* * *

대학생이 되고 세운 여러 가지 목표 중 하나는 '돈을 벌자'는 것이었다. 꽤 세속적인 목표였지만, 아버지가 실직한 후로 꽤 오랫동안 취업을 하지 못하셨고 집안의 경제 사정은 갈수록 힘들어지고 있었다. 어머니가 시집올 때 장만해온 냉장고는 하도 작아서 수박을 사도 넣어둘 데가 없을 정도였는데도 바꿀 형편이 아니었다. 형도 대학생이어서 등록금이 부담스러운 상황이었다. 그래서 첫 번째 목표는 '내 등록금은 내가 번다'였고 '들어오는 과외는 절대 마다하지 않고 최선을 다해서 학생을 만족시킨다'는 것이었다.

어설프게 용돈이라도 벌자는 생각이 아니었다. '이게 내 직업이다'라고 생각하고 '정말로 학생들과 학부모님들이 만족해서 입소문 나게 잘하자'는 진지한 마음이었다. 다행히 나는 수학을 어려워하는 학생에게 다소 어려운 수학의 개념을 딱딱하지 않게 살을 붙여서 잘 설명하는 능력이 있었다. 그도 그럴 것이, 내가 공부하면서 가장 어려웠던 것이 바로 생소한 수학의 개념을 나만의 언어로 이해하는 것이었기 때문이다. 그래서 개념을 이해하기 위해 많이 궁리했고, 이 친구 저 친구 안 물어본 친구가 없었다. 그 덕분에 과외 받는 학생이 지금 무엇을 모르는지, 또는 어떤 오(誤)개념을 가지고 있는지, 공감하고 짚어줄 수 있었다.

공부를 못한 사람이기에 뭘 못하는지 안다고 할까? 대학 4년, 석사 2년을 지내면서 정말 다양한 학생을 만나 수학을 가르쳤다. 수학을 아무리 공부해도 제자리걸음인 학생, 분명 다 이해하고 숙제도 잘하는데 시험만 보면 망치고 절망하는 학생, 수업하러 가면 벌렁 드러누워 배 째라는 학생, 딱 8개월 가르치고 고등수학 전 과정을 끝낸 학생, 심지어 대기업에 다니다가 한의사가 되고 싶다며 다시 수능을 준비하는 나보다 나이가 많은 형도 있었다. 정말 열심히 공부하지만 집안 사정이 힘든 학생도 있었고, 워낙 집이 부자라 방학에는 미국 자택으로 나를 초빙하여 24시간에 대한 비용을 내면서 과외 받는 학생도 있었다.

다양한 학생을 가르치는 과정이 있었기에, 학생들이 자주 착각하는 오개념에는 어떤 것이 있는지, 어떻게 풀어서 설명해야 좀 더 잘 이해하는지 알 수 있었다. 그리고 이러한 경험은 훗날 교사가 되어 학생들을 지도하는 과정에서 빛을 발했고 좋은 수학 교사가 되는 밑거름이 되었다. 나의 수업을 통해 수학을 좋아하게 되어 대학에서 수학을 전공하는 학생들도 하나둘씩 생겼다. 덕분에 스탠퍼드 컬리지에서 훌륭한 고교 선생(Secondary School Teacher)에게 주는 상도 받았고, 윌리엄스 컬리지에서는 졸업생이 추천한 조지 올름스테드 상(George Olmsted Prize)에 아시안 교사로는 드물게 최종 후보까지 올라가기도 했다.

"I was very fortunate to have Mr. Kim as my senior advisor. Preparing for a college was really demanding and stressful, but he gladly spent his time to advise and encourage me. He taught calculus for two years, and I could learn the true joy of mathematics through his lectures. Some of the knowledge I gained from his lecture was really useful to use in the International Olympiad as well. From Mr. Kim, I learned that I should enjoy my life with a passionate mind."

[redacted] Kim
Hankuk Academy of Foreign Studies
Stanford Class of 2019

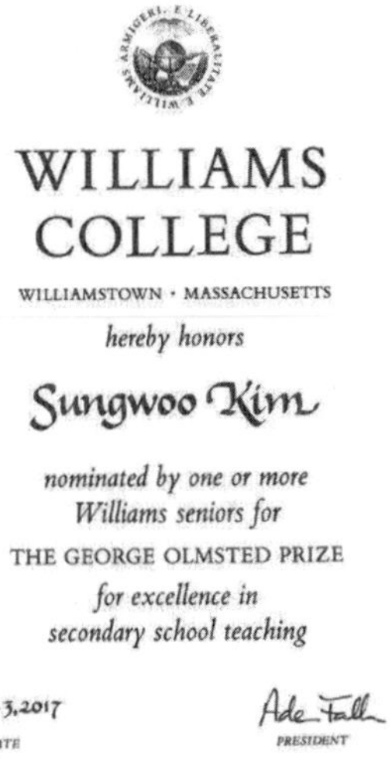

04

열심히 공부해도 제자리걸음 같은 수학 공부

대학교 1학년 때부터 4학년 때까지 4년간 꾸준히 가르친 학생이 있었다. 학생은 고1 때부터 3년간, 주 1회 또는 2회씩 배우고도 수능시험에서 자신이 원하는 만큼의 점수를 받지 못했다. 그렇지만 그 학생이 공부를 열심히 하지 않은 것은 아니었다. 자신에게 주어진 환경에서 수학을 열심히 공부하려고 노력하는 학생이었다. 그렇지 않았다면 재수까지 포함해 4년이나 가르치지는 않았을 것이다. 처음에 대학에 모두 떨어졌다는 소식을 들었을 땐 너무 속이 상했다. 그날 밤은 마시지도 못하는 술을 마시며 나의 무능함을 한탄했다. 재수할 때도 내게서 꼭 배우고 싶다며 어머님과 학생에게서 전화가 왔을 때는 미안하고 고마워서 울고 싶을 정도였다.

성적은 잘 안 나오지만 성실하게 수학을 공부하는 학생이었기에 복잡한 마음을 꾹꾹 누르고 다시 1년을 열심히 가르쳤다. 그 학생은 미대를 지망했는데, 미대가 얼마나 힘든지 그 학생을 지켜보면서 알았다. 수학 성적이 안 나오는 이유는 크게 두 가지였다. 수학에 몰입하기 어려운 스케줄이 첫 번째 원인이었다. 하지만 진짜 이유는 수학적 재능이 없었기 때문이었다. 수학에 몰입할 시간이 짧아도 수학적 재능이 있었다면 어느 정도 목표를 성취할 수 있었을 것이다. 하지만 안타깝게도 수학적 재능이 부족한 사람이 더 많다.

* * *

수학은 역사를 통틀어 당대 최고의 지식을 지닌 사람들이 교류하여 발전시킨 학문이다. 수학은 7,000년간 인류 최고의 현자들이 성립한 지식을 모으고 모아 완성한 형식적 언어라는 말이다. 그러니까 고등학생은 기원전 5000년부터 18세기 무렵까지 인류 최고의 지성인들이 발전시켜온 수학을 배워야 한다. 그런 수학이 누구에게나 쉽다면 그게 더 이상하지 않은가.

그러나 수학적 재능이 부족하다고 해서 그것을 불행이라 여겨서는 안 된다. 그 학생에게는 수학 말고도 훌륭한 재능이 있을 것이고, 그것이 무엇인지 찾아내는 것이 자녀의 미래에는 더 중요하기 때문이다.

이따금 그 학생의 미완성 작품을 보고 깜짝 놀라곤 했다. 내가 볼 땐 너무나도 훌륭한데 그 학생은 아직 부족하다며, 더 잘 그려야 한다고 말하곤 했다. 강아지에게 나무 타는 법을 열심히 가르쳐본들 원숭이보다는 못할 것이다. 원숭이에게 사람을 보면 꼬리치는 법을 가르쳐본들 강아지만 못할 것이다. 누구나 무엇이든 다 잘할 수는 없다. 그러므로 부모는 학생이 성실하게 수학을 공부한다면 그 사실만으로도 칭찬을 아끼지 말아야 한다.

목표하는 점수를 받아야만 칭찬하거나, 이번 시험에서는 몇 점을 맞아야만 한다는 식으로 자녀를 훈육해서는 안 된다. 노력보다는 결과를 칭찬하는 부모가 많고, 노력에 대해 칭찬하다가도 결과가 맘에 안 들면 꾸중하는 부모도 있다. 학생은 나름 열심히 하고 있는데 왜 성적이 안 오르느냐고 꾸중하면, 자존감이 낮아지거나 부모님에 대한 반항심만 늘어난다. 물론 자녀가 수학적 재능이 정말 높은데 재능을 낭비하며 허송세월한다면 따끔한 조언도 필요하다. 그러나 노력의 여부와 상관없이 기대와 다른 성적을 받는 경우도 있다. 주로 상대평가하는 우리나라에선 더욱 그렇다.

그런데 결과만 두고 자녀를 꾸중한다면 결국 자녀의 성장을 방해하는 셈이다. 수학뿐만 아니라 인간적 성장에도 문제가 생길 수 있다. 그러므로 타인 또는 주변과의 '비교'에 의한 결과로 아이를 판단하면 안 된다. 어려서부터 결과를 보고 칭찬하기보다는 노력이 보이면 칭찬을 아끼지 말아야 한다. 100점 맞는다고 보상할 것이 아니라 자발적으로 공부하면 진심을 다해 칭찬해주어야 한다. 아이는 어릴수록 칭찬에 민감하고, 부모님을 기쁘게 하고 싶어 한다. 부모가 결과가 아닌 노력을 응원한다는 신뢰가 쌓여야만 아이는 성취의 기쁨을 부모와 진심으로 나누려 할 것이다.

***

어쨌든 4년간 가르친 그 학생은 재수하여 결국 미대에 진학했다. 수학적 재능만 놓고 본다면 안타까운 면이 많았지만, 자신의 꿈을 위해 열심히 노력한 것으로는 손에 꼽을 만큼 훌륭했다. 그러니 지금쯤은 분명 훌륭한 성취를 이루고 살고 있을 것이라 믿는다.

게다가 학생의 부모님은 항상 자녀를 응원하는 훌륭한 분이셨다. 성적이 낮게 나오면 과외 교사로서 학생의 부모님께 미안했는데, 부모님은 오히려 그동안 열심히 한 걸 안다고 응원해주셨다. 자신도 고등학교 다닐 때 수학이 제일 어려웠으니 딸이 자신을 닮아서 그런 거라며 "엄마 때문이야. 미안해"라고도 하셨다. 언젠가 나도 아빠가 된다면 저런 부모가 되겠다고 다짐했다.

두 아이를 키우고 있는 지금의 나는 아직도 그 다짐을 지키기 위해 노력하고 있다. 늦은 밤까지 세계사 숙제를 해야 한다며 제1차 세계 대전에 대한 내용이 담긴 글을 10장 넘게 쓰고 있는 아들에게 내가 도와줄 것은 없는지 살펴보며 응원해주었다. 빛을 주제로 한 미술 작품을 만들어야 하는 딸이 어떤 작품을 구상하고 있는지 경청해주고 딸이 필요로 하는 재료들을 사기 위해 온동네 상점을 함께 돌아다녔다. 잘하면 좋겠다는 마음은 어느 부모에게나 있겠지만 잘해야 한다는 것을 강요하지 않으려 노력하고 있다. 세상을 배워가는 아이들을 그저 응원하는 아빠가 되려고 지금도 늘 노력하고 있다.

05

수학 실력과 수학 성적은 다를 수도 있다

대학 시절, 대치동에서 과외한 경험이 있다. 정말 똘망똘망해 보이는 여학생이었다. 이해력이 좋아 설명을 빠르게 받아들였고, 과제에 대한 성취도가 높았다. 그런데 한편으로는 어려웠다. 분명 개인적으로 지도해보면 수학적으로 우수한 성취를 보였는데, 시험을 보면 반전이 일어났기 때문이다. 이 정도 문제를 풀지 못할 리가 없다 싶은 문제를 틀렸다. 한두 번이라면 실수로 그럴 수 있다지만, 안타깝게도 늘 말도 안 되는 점수를 받았다. 원인이 무엇이었을까? 심리학자도, 탐정도 아니었고, 수업을 통해서만 잠깐 만나는 학생을 맘대로 추론하고 결론 내릴 수도 없는 노릇이었다. 하지만 교직 생활을 하면서 그때 그 학생과 같은 증상을 호소하는 학생을 적잖이 만났다. 그리고 공통점을 발견했다.

문제는 '강박'이었다. 시험을 잘 봐야 한다는 강박. 물론 강박이 있다고 모두 그런 결과를 얻는 것은 아니다. 강박이 오히려 약이 되어 시험을 더 잘 보는 학생도 있다. 하지만 강박 때문에 심리적으로 무너지는 학생도 있다. 그런 경우에는 평소의 실력이 발휘되지 않는 이변이 일어난다.

갑작스럽게 불이 난 것을 보면 사람의 지적 능력은 급작스럽게 떨어진다. 침착성을 잃고 당황하면서 뇌가 제 기능을 하지 못하는 것이다. 소화기 작동법을 모르는 사람은 없고, 사실 어렵지도 않다. 그런데 막상 눈앞에서 불이 나면 소화기 안전핀조차 못 빼는 사람이 꽤 있다고 한다. 왜 그럴까?

이는 공포나 불안 등의 심리적 요인으로 당황해서 일시적으로 지적 능력이 급격히 떨어지기 때문이다. 상황에 대처하는 능력이 일시적으로 저하되면, 평소에 잘하던 일조차도 제대로 하지 못한다. 이와 마찬가지로, 특별히 큰 시험에서 어려움을 호소하는 학생이 많다. 시험 전날 몸살이 나거나, 멀쩡하다가 시험이 시작되면 갑자기 복통이 몰려오거나, 평소엔 현명하고 수학을 꽤 잘하는데 시험만 보면 경직되어 시험을 망치는 경우가 있다.

결과가 나쁘면 실망하게 마련이다. 주변의 실망뿐 아니라 본인의 실망도 한몫을 한다. 그리고 이러한 경험이 축적되면 트라우마가 된다. 이런 트라우마를 극복하지 못하면 공부에 대한 흥미가 지속되기가 상당히 힘들다. 이렇게까지 되기 전에 적절한 조치를 취하여 학생이 시험에 대해 강박을 가지지 않도록, 또는 강박이 지나친 독이 되지 않도록 해야 한다. 하지만 한번 이런 트라우마가 생기면 이를 극복하기가 힘들다.

안타깝지만 대한민국은 절대평가보다는 상대평가로 학생을 평가한다. 그러다 보니 공부를 치열하게 시키는 학군이나 학교에 속해 있는 학생 중에는 시험 결과를 정신적 트라우마로 느끼는 학생들이 많다. 노력했지만 그 과정은 봐주지 않고 결과적으로 나온 성적에 의해서만 자신이 판단될 때, 자존감은 낮아질 수밖에 없을 것이다.

06

과외가 독이 되는 경우도 있다

과외할 때, 과제를 해놓지 않은 것은 기본이고 갑자기 벌렁 눕더니 자기는 공부하기 싫으니 선생님은 시간 끝날 때까지 있다가 가라는 학생이 있었다. 참 당황스러웠다. 타인에 대한 기본적인 예의조차 없다고 느꼈다. 그래서 부모님과 대화를 나누다가, 아이가 전 과목 과외를 받아왔다는 사실을 알았다.

학생은 초등학교에 입학했을 무렵부터 스스로 공부해본 적이 없을 정도로, 모든 과목을 과외로 해결해온 것이다. 누군가 떠먹여주는 학습만을 해봤으니, 적당히 과외 교사와 타협하는 것이 아이의 행동 전략이었다. 학생은 부모에 대한 불만과 화를 과외 교사에게 투사한 것이었다. 한편으로는 측은한 마음도 들었다. 아직 어린 학생이 어쩌다 이런 지경에 이르렀을까 싶기도 했다. 분명 배 째고 드러누워 타협에 성공한 경우도 있었으리라. 공부하는 척 시간만 때우면 학생은 쉬어서 좋고, 타협해준 강사는 수업료를 받을 수 있으니, 서로 윈윈이 아니겠는가.

과외를 얼마나 많이 경험했으면 아이가 이렇게까지 할까 싶었다. 자본주의 사회에서 부모의 경제력이 좋으면 자녀의 학습에 대단히 유리하다. 하지만 경제력을 올바로 사용하지 못하면 오히려 자녀의 학습과 인성에 독이 되기도 한다. 자녀가 학습하는 대부분의 과목에 과외를 붙여줄 만큼 경제력은 훌륭했지만, 정작 자녀는 학습을 거부하고 인성마저 삐뚤어졌다.

그 당시 내가 할 수 있는 가장 현명한 행동은 아이의 수업을 거부하고 학부모님과 대화를 나누는 것이었다. 부모님에게 진심으로 아이의 미래가 걱정된다고 말씀드렸다. 학생이 수업 중에 보인 행동을 전달하고, 무분별한 과외가 아이의 인성까지 망치고 있는 것은 아닌지 다시 생각해야 한다고 했다. 부모님은 그러면 어떻게 하는 것이 좋겠냐고 물어보셨다. 나는 학생이 원하지 않는 과외는 모두 중단하는 것이 우선이라고 대답했다. 그리고 아이와 충분히 대화를 나누고 아이가 필요하고 원해서 요청하거든 그때 과외를 하는 것이 좋겠다고 조언했다.

다행히 부모님은 내가 조언한 대로 하셨고, 학생은 나의 조언을 받아들여 6개월간 대형 단과 학원을 다니며 공부했다. 난생처음 개인교습 대신 대형 단과 학원에서 재수생들과 부딪히며 생활하면서, 학생도 느끼는 바가 있었던 모양이다. 태도도 긍정적으로 바뀌었고 성적도 오히려 올라서, 나중에는 서울에 있는 괜찮은 대학에 입학했다.

07

고등 수학, 8개월이면 완성할 수 있다

앞의 경우와 달리, 극단적으로 수학적 성취가 높은 학생도 가르쳐본 적이 있다. 과외를 열심히 하다 보니 소문이 났는지 처음 보는 번호로 연락이 왔다. 학생과 학부모님을 카페에서 만났다. 학생은 고등학교를 다니다가 개인적인 사정으로 자퇴하고 학교를 1년간 쉬고 있었다. 검정고시도 보고 수능도 준비하려 한다며 수학을 배우고 싶다고 했는데, 학업에 대한 학생의 열정이 남달랐다.

학생은 수학적 재능이 매우 뛰어났다. 고1 수학은 복습이었지만 고2부터는 학습이 되어 있지 않았다. 그런데 고등학교 수학을 전부 가르쳐주고, 이 정도면 수능 수학에서 만점을 기대할 수 있겠다고 확신할 때까지 걸린 시간은 8개월이었다. 대개는 한 단원의 내용을 2회에 나누어 가르치고 학생이 배운 내용을 스스로 잘 학습했는지 확인하는데, 이 학생은 한 시간에 3개 단원을 나갈 정도였다. 이해력이 정말 좋았고 성실도가 유난히 높아서 숙제가 아무리 많아도 수업한 날로 숙제를 끝내고 다른 문제집까지 찾아서 고난도 문제까지 공부하고 질문했다. 질문도 "이 문제는 어려워요. 알려주세요"가 아니라 "이 문제는 이렇게 풀었는데 여기에서 막혀요", "이렇게 풀면 왜 답이 다르죠? 제 풀이에서 논리적으로 틀린 데가 어디죠?"라는 식이었다.

그러다 보니 가르치기가 매우 힘들었다. 수업 준비를 엄청나게 해야 했고, 질문에 답할 때 막히는 경우도 있었다. 같이 생각해서 답을 찾아내고 함께 좋아하는 경우도 많았다. 나도 많이 가르쳤지만 그에 못지않게 배울 수 있었다. 그렇게 8개월에 접어들자 더 가르칠 것이 없었다. 이제 남은 시간 동안 혼자 문제집을 풀면서 공부해도 충분했다. 부모님은 수능시험 때까지 계속 가르쳐달라고 말씀하셨지만, 나는 금전적 낭비라고 생각해 거절했다. 나도 고1 때 수학을 시작해서 고3이 될 때까지 단기간에 수학 실력을 상당히 올린 편이어서, 가끔은 스스로 수학 천재가 아닐까 자만한 적도 있었다. 하지만 8개월 만에 수학을 마무리하는 이 학생 덕에 겸손해졌다. 물론 수학교육과에서 만난 천재적인 수준의 과 선후배와 동기를 보고도 한없이 겸손해졌지만 말이다.

그 후로 수학 재능에는 선천적인 면이 있다고 생각하게 되었다. 40이 넘은 지금도 이 생각엔 변함이 없다. 하지만 선천적 재능을 가졌다고 해도 노력하지 않으면 쓸모가 없다. 내가 과외했던 학생도,

학교를 자퇴하기 전에는 수학을 열심히 하겠다는 의지는 있었으나 자신이 수학을 잘한다고 여기지는 않았다. 그런데 자퇴하고 1년간 쉬면서 미래에 대한 고민도 많았고, 수학을 제대로 공부해보고 싶다는 생각이 들었다고 한다. 그리고 8개월간 아무것도 안 하고 오로지 수학만 공부했다고 한다. 그래서 하루에 3개 단원을 설명해도 이해할 수 있었던 것이다. 밥 먹고 오로지 수학만 파고들면 8개월이면 고등학교 수학을 끝낼 수 있다는 것을 깨달았다. 물론 수학적 재능이 있다는 전제조건이 붙지만 말이다.

* * *

나는 용인외대부고에서 교직 생활을 하면서 이런 학생과 다시 마주쳤다. 3학년 담임을 맡은 시절, 우리 반 학생이 해외 대학에 진학했다. 어학이 특기였고 고등학교 다닐 때는 수학 성적이 고만고만했으며 학업 성취도는 전반적으로 중간쯤이었다. 결국 미국에서는 꽤 이름나 있지만 국내 인지도는 높지 않은 대학으로 진학했다. 학생은 대학에 진학한 후 미래에 대한 불안감을 많이 느꼈다고 했다. 한국에서 인지도가 높은 미국 대학에 진학한 것도 아니었고, 미국에서 직장을 잡는 것도 쉬운 일이 아니었다.

학생은 1학년을 마치고 귀국해서는 군대에 입대했다. 그리고 군대를 제대한 뒤 다니던 학교를 자퇴하고 1년간 수능을 준비했다. 고등학교 다닐 때도 해외 대학 진학만 생각해서 수능을 준비한 적이 없었다. 배웠던 수학마저 잊어버리기 충분한 시간이 흘렀지만, 군대 제대 후 6개월 동안 '밥 먹고 수학만' 공부했다. 그리고 수능 시험에서 전 과목 중 한 문제만 틀릴 만큼 높은 성적을 거둬 원하는 의과 대학에 입학했다.

솔직히 그 학생이 수학을 그렇게 잘하는지 몰랐다. 친하게 지내긴 했지만 수업 시간에 집중도가 높은 학생은 아니었다. 나름 똘똘한 구석이 있었지만, 게임도 좋아하고 산만한 면도 있었다. 하지만 독하게 마음먹고 모든 것을 쏟아부어 공부하면 놀라운 결과가 나오는 것을 용인외대부고에서 교직 생활을 하며 심심치 않게 볼 수 있었다. 수학적 재능이 어느 정도 있다면 고등학교 수학을 정복하는데 생각보다 많은 시간이 걸리지 않는다. 다만 그렇게 공부할 만큼 강력한 의지가 있느냐 없느냐가 매우 중요하다.

수학적 재능의 차이는 분명히 존재한다. 하지만 노력이 빠진 재능이란 아무 의미가 없다. 모든 일에 있어 노력은 필수불가결한 요소이며, 그 과정에 재능이란 있으면 다행이고 좋은 것이다. 그러므로 "우리 아이는 재능은 있는데 노력을 안 한다"는 말은 참으로 공허한 말이다.

중학교 때까진 수학을 정말 잘한다고 믿다가 고등학교 때 나락으로 떨어지는 학생들이 있다. 그와 달리 수학적 재능을 뒤늦게 깨닫고는 대학에서 수학을 전공하는 학생도 있다. 원인은 여러 가지였지만 주된 원인은 학생들의 수학에 대한 오해에 있었다. 그 오해란 '수학 문제를 푸는 것이 수학'이라고 생각하는 것이었다. 특히 우리

나라 교육이 이런 오해를 자연스럽게 형성한다. 수학이라는 학문을 수를 이용해 세상을 바라보는 방법을 가르치는 철학으로 바라보기보다는 내신 문제, 수능 문제를 풀어야 하는 스킬로만 가르치기 때문이다. 나 역시 대학에 입학하기 전까지는 그게 수학인 줄 알고 머리 터지게 문제 풀이에 매달렸다. 그래서 중요한 수학적 공식이 도출되는 데 필요한 원리는 빠르게 지나가고 그 공식을 이용한 유형화된 문제의 기계적 풀이가 교육의 중심이 되고 있다.

용인외대부고에서 10년 넘게 해외 대학 입학을 위한 수학을 지도하면서 다행히 수능 문제의 해결을 강조하는 수업에서 벗어날 수 있었다. 문제의 풀이보다 원리의 이해와 적용에 치중하는 수업을 진행하자, 중학교 때까지의 수업과 너무 달라 적응하기 힘들다는 학생도 있었다. 하지만 "수학이 이렇게 재미있는 것인지 난생처음 알았다"는 학생도 있었다.

수학 학습에서 학년이 높아질수록 중요한 것은 몰입해서 스스로 공부할 수 있는가 하는 점이다. 늦게 시작해도 몰입할 수 있는지 여부가 중요한데, 진짜 몰입하는 학습은 강요해서 이뤄지지 않는다. 학생이 스스로 공부의 의미를 찾는다면 그때부터 진짜 공부가 시작된다. 그리고 상상도 못 할 만큼 실력이 향상될 것이다.

08

수학 개인 교습으로 효과를 보려면

수학 과외를 꼭 할 필요는 없지만, 이런저런 이유로 과외를 하기로 결정했다면 자녀에게 정말로 도움이 되도록 해야 한다. 다양한 과외 경험을 바탕으로 볼 때 자녀에게 도움이 되는 과외 방법은 다음과 같다.

우선 과외 강사가 학생에게 롤모델이 되어줄 수 있는지 고려해야 한다. 학생의 장래 희망이나 전공에 대해 잘 알고 조언해줄 수 있다면 학업적으로도, 정서적으로도 매우 좋다. 과외는 학생과 교사가 일대일로 지식을 주고받기 때문에 서로 궁합이 맞는가가 중요하다. 지인에게서 과외 강사를 소개해줄 수 없는지 부탁을 받곤 하는데, 그럴 때마다 내 질문은 정해져 있다. “학생이 대학에서 어떤 것을 전공하고 싶어 해?” 그 답에 따라 졸업생 중에 전공이 비슷하고 성실했던 제자를 소개해준다. 그러면 학생이 선생님을 너무 잘 따르고 좋아한다는 이야기를 부모님에게서 듣는다. 전공 분야가 비슷하고 성실한 태도를 가졌다면 학생의 롤 모델이 될 가능성이 크기 때문이다.

* * *

학년이 올라가고 아이의 자아가 성숙해질수록, 부모가 강제적으로 시키는 과외는 효율성이 떨어진다. 오히려 역효과가 나기도 한다. 그러므로 적어도 중학생이 되면 스스로 그 과외를 원하고 필요로 하는지 확인해야 한다. 싫다고 분명히 의사 표현을 했는데도 억지로 시키면 학생의 성장에 도움이 안 될뿐더러 과외 강사도 못할 짓이다. 오만상을 찌푸리고 있는 학생 앞에서 무언가를 제대로 가르치는 것은 너무 어려운 일이다.

과외를 시작할 때는 끝이 명확히 정해져야 한다. 특별한 목표 없이 1년 내내 과외를 하기보다는 주제나 목표, 기간을 정하는 것이 효과적이다. 예를 들어 여름방학 중에 미적분의 내용과 개념을 전반적으로 공부하고 정리하는 것이 목표라고 정하거나 이번 학기에 배우는 내용의 고난도 심화 문항만 다루는 것이 목표라고 정하는 식이다. 목표를 정확히 제시해주면 과외 교사도 그 목표에 집중해서 학생을 끌고 갈 수 있다.

과외 교사를 찾을 때도 막연히 수학 과외 교사를 찾는다고 하기보다는 '적분 파트 개념부터 차근차근 가르쳐주실 선생님'이라든가 '확률과 통계 기출 문제 및 고난도 문제 최근 5년 분량을 지도해주실 선생님'이라는 식으로 구체적으로 찾는 것이 좋다. 목표 지향적으로 끝을 정해놓고 학습하는 것이 좋다는 말이다. 물론 그 목표는 학부모와 학생이 서로 동의하에 정해야 한다. 학생 스스로가 목표를 정하는 것이 가장 좋지만, 여의치 않다면 학생이 적극적으로 동의하도록 한다.

만약 과외를 통해 이루려 했던 목표를 어느 정도 이룬 후 다른 목표가 잡혔다면, 원래 선생님에게 시간과 경제적 비용이 맞는지 확인하고 새로운 기준을 세워 과외를 연장하는 것이 좋다. 언제 끝날지 기약도 없고 특별한 목표도 없이 "오늘부터 같이 수학을 공부해보자"는 식으로 과외하는 것은 바람직하지 않다. 부모나 자녀가 수학 전문가가 될 필요는 없지만, 교육 과정이나 전반적인 흐름은 어느 정도 감을 잡고 있어야 한다. 그래야 수학 사교육에 비용을 헛되이 지출하지 않을 수 있다.

09

수학 선행학습에 대한 교사로서의 조언

40대가 되고 자녀를 양육하는 친구들과 만나면 빠지지 않고 등장하는 이야기가 자녀의 사교육비 부담이다. 결혼을 일찍 해서 고등학생 자녀를 둔 친구들은 과목당 비용이 상상하기 어려울 만큼 비싸다고 하소연한다. 방학 중에는 빠지지 않고 각종 특강이 빼곡하게 이어지고, 특강인 만큼 비용도 특별하다. 중학교 자녀를 둔 친구들도 심각하다며 아우성을 친다. 특목고나 영재고, 자사고라도 준비하면 말할 것도 없다. 그렇지 않다고 해도 기본적으로 한 학생이 2과목 이상을 선행학습하기 위해 학원을 다니면 비용이 만만치 않다. 서로 누가 허리가 휠 만큼 학원비를 더 많이 내는지 경쟁이라도 하는 것 같다.

초등학교 자녀를 둔 친구들도 빠지지 않는다. 초등학교에서도 벌써 선행학습이 열풍이며, 영재학원을 계속 보내야 할지 모르겠다고 토로한다. 사실 은근히 자랑하는 듯한 느낌도 든다. 게다가 초등학생은 피아노, 태권도 등의 예체능 과목에 대한 비용도 만만치 않게 든다. 요즘엔 축구 교실에 다녀야 제대로 축구를 배울 수 있다. 자녀가 어떤 분야에 소질이 있을지 모르니 이것저것 골고루 시켜봐야 하고, 그러다 보니 생각보다 비용이 많이 들어간다.

유치원생 자녀를 둔 친구라고 해서 비용이 들지 않는 것은 아니다. 영어 유치원 때문이다. 영어 유치원 한 달 등록비가 얼마인지 듣고 나면 친구들의 분위기가 숙연해진다. 결국 대화는 "그러니 더 열심히 야근해서 돈을 많이 벌어야겠다"로 끝난다. 나 역시 무시할 수 없는 현실이다. 그런 대화를 하고 나면 씁쓸함과 안타까움이 깊이 느껴진다.

사교육비가 과도하면 줄이면 되지 않겠느냐고 반문해봐도 대답은 정해져 있다. "요즘 그렇게 안 하는 부모가 어디 있어?" 이걸 안 하면 자녀가 뒤처질 것이 두렵고, 심지어는 위기의식이 느껴진다는 것이다. 모두가 달리니 차마 안 달릴 수 없고, 달리면서도 뒤처질까 두려워 멈추지 못한다. 초·중·고 12년 동안 사교육비를 엄청나게 지출하고 나서도 대학 등록비마저 4년간 부모가 지원해야 한다고 생각하면, 평범한 직장인의 월급으로 이 금액을 감당하기란 쉽지 않다. 어찌어찌 감당한다고 해도 저축은 불가능할 것이다. 이렇게 자녀 양육의 부담이 과도해지니 대한민국의 출산율이 급격히 떨어지는 것이 너무나 당연한 결과라는 생각마저 든다.

하지만 사교육비가 걱정되는 부모님에게 꼭 해주고 싶은 말은, 아이에게 정말 필요한 것은 물질적 지원을 넘어선 정신적 지원이라는 것이다. 아이에게 미래의 비전을 제시해주고 응원해주는 것을 의미한다.

나는 고등학교 때 부모님에게 물질적으로 풍족하게 지원받지 못했다. 하지만 그런 상황과는 무관하게 부모님을 존경하며 든든하게 지원받았다고 생각한다. 나는 고3이 되기 직전 12월 마지막 날, 새벽에 아버지와 함께 북한산에 올랐다. 눈이 내린 추운 날이었다. 아버지와 나의 목표는 북한산 최고봉인 백운대에 올라 새해의 첫 아침 해를 보며 소원을 비는 것이었다.

오를 땐 괜찮았지만 정상에 올라 떠오르는 해를 기다리는 10여 분간 너무 추웠다. 아버지와 이런저런 이야기를 나누며 발을 동동거리고 있었다. 이윽고 작고 강렬하게 해가 뜨기 시작했다. 이루 말할 수 없이 아름답고 멋진 일출이었다. 그때 나는 여러 가지 소원을 빌었는데, 가장 큰 소원은 아버지에게 멋진 일이 일어나는 것이었다. 아버지가 어떤 소원을 빌었는지는 말로 하지 않아도 잘 알 수 있었다.

아버지는 한 번도 내게 공부하라고 하신 적이 없었다. 그러나 늘 응원해주신 덕분에 기죽지 않고 열심히 공부할 수 있었다. 내가 잘할 거라 믿으며 응원해주는 사람이 있다는 것은 열심히 할 이유가 된다. 눈앞의 어려움에 포기하지 않고 노력하는 모습을 보여주셨기에 항상 든든했고, 공부하다가 아무리 늦게 집에 가도 내가 잠자리에 드는 것을 확인하고 나서야 주무셨다. 집에 가면 아버지는 무심

한 듯 "오늘도 수고 많았구나"라고 말씀해주셨는데, 그것이 항상 힘이 되었다.

그래서 고민하는 친구들에게 과도하게 수학 선행학습에 지출하지 말라고 당부한다. 수학은 선행학습을 많이 한다고 해서 되는 과목이 결코 아니기 때문이다. 수학을 잘하는 학생은 자발적으로 수학을 학습한다. 수학을 공부할 이유를 스스로 찾는 것이 중요하지, 어떻게든 미리 배우게 하는 것이 중요하지 않다.

한국의 수학 학습 교육 과정은 세계적인 수준에 비교해서도 한참 빠르다. 서구권에서는 대학생이 되어야 배우는 미적분을 고2 때 시작하는 것만 봐도 그렇다. 게다가 선행학습까지 하면 미적분을 중학교 때 공부한다. 안타깝게도 적지 않은 학생들이 미적분을 초등학교 때 공부하기도 한다. 부모는 우리 자녀가 벌써 이렇게 빨리 배우다니 대단하다고 생각할 수 있다. 하지만 자유의지에 의해 자발적으로 고급 수학을 배우는 게 아니라 분위기에 휩쓸려 수업을 들은 것이라면 약이 되기보다는 독이 된다.

수학의 학습 과정은 자라나는 학생의 평균적인 정서적·지적 성장을 고려하여 정해진다. 대수를 받아들일 만큼 머리가 열리지도 않은 학생에게 무리하게 대수 학습을 강요하면, 아이는 수학을 어렵게만 여긴다. 미적분에서 가장 기본이 되는 극한의 개념을 받아들일 만큼 수학적으로 준비되지 못했거나 관심이 부족한데 미적분 선행학습을 하면, 오랫동안 배운 후에도 아이의 머릿속에 남는 것은 미적분 공식뿐이다. 예를 들어 x^2을 미분하면 $2x$가 된다고 암기하기는 쉽다. 하지만 왜 그렇게 되는지 논리적으로 풀어서 설명할 수 없다면 그런 수학 공부는 아무 의미가 없다.

＊＊＊

수학이 암기 과목이 되는 순간, 단순한 문제를 제외하고는 아무것도 해결하지 못한다. 그래도 선행학습을 해서 어떤 것인지 맛을 봤으니 안 한 것보다 낫지 않겠냐고 생각할 수 있다. 하지만 어떤 과목을 처음으로 배우는 과정은 하얀 도화지 위에 가장 기본이 되는 스케치를 하는 셈이다. 이후 그림이 훌륭해지려면 스케치부터 정성들여 제대로 해야 한다. 시간과 돈을 허비하고 학생에게는 수학에 대한 불만과 불안을 키울 바에야 그냥 하얀 도화지로 남겨놓는 편이 낫다.

어설프게 선행학습을 한 학생들의 또 다른 문제점은 제대로 모르면서도 안다고 착각하는 것이다. 누구든 처음 봤을 때 재미없었던 영화를 두 번째 본다고 갑자기 흥미 있게 보지는 않을 것이다. 수학을 선행하고 교실에 앉아 있는 학생 중에는 수업에 집중하지 않는 학생이 많다. 어차피 결론에 해당하는 공식을 이미 알고 있기 때문이다. 첫 가르침은 너무 이르게 배워서 놓치고, 두 번째 가르침은 안다고 착각해서 놓친다. 교사로서도 깨끗한 도화지를 펴놓고 내 수업을 들으며 도화지를 채워나가는 학생에게 제대로 가르치고픈 욕구가 생기는 법이다. 어설프게 여기저기 낙서가 되어 있는 도화지를 펴놓고 이미 알고 있다는 듯 앉아 있는 학생에게는 열심히 가르치고픈 마음도 사라진다.

특히나 수학은 첫 가르침이 대단히 중요하다고 생각한다. 처음 배울 때 잘 이해하고 흥미를 느끼는 것이 스케치를 하는 과정이다. 다양한 문제를 풀어보며 추가로 학습하는 것은 스케치 위에 채색하는 행위다. 스케치가 잘되어 있어야 당연히 훌륭한 그림이 나온다. 첫 배움에서 제대로 이해하지 못하면 앞으로도 계속 이해하지 못할 가능성이 크다.

그래서 첫 배움만큼은 학생이 그 과목을 제대로 이해하고 받아들일 수 있을 만큼 농익었을 때 해야 한다. 머리가 커지고, 선수학습이 제대로 되고, 스스로 배울 마음의 준비가 되었을 때, 새로운 과목을 배워야 한다. 그러니까 학교에서 정규 수업을 통해 배워도 아무런 문제가 없다. 학부모는 미리 안 하면 뒤처질까 봐 불안해하지만, 학생의 성적이 떨어지는 이유는 공부를 대충 하거나 안 했기 때문이지, 선행이 부족해서가 아니다. 게다가 내신은 수업 시간에 열중하는 학습자에게 유리하다.

그래도 불안하다면 수학은 반 박자씩만 빠르게 선행학습하기를 추천한다. 온라인이나 오프라인에서 강의력이 우수하다고 인정받는 선생님의 강의를 찾아 듣는 것이 좋다. 무엇보다도 미리 배웠어도 학교 수업 시간에 선생님 말씀을 귀담아듣는 것이 중요하다. 똑같은 내용도 교수자마다 이해하거나 가르치는 방식이 모두 다르다. 진리는 하나이지만, 진리에 도달하는 방법은 다양하다. 그러니까 먼저 강의를 통해 진리에 도달하는 한 가지 방법을 배웠을 뿐이고, 다른 선생님의 강의에서는 다른 배움을 얻을 수 있다. 그게 배우려는 자의 자세다.

10

수포자, 정말로 포기한 것은 누구인가?

우리나라 초등학생들은 평균적으로 2학년까지의 수학을 선행학습한다. 초등학교 2학년생들은 대부분 수학이 어려운 것이라고 인식하지 않는다. 하지만 초등학교를 졸업하는 6학년은 평균적인 수학 수준이 4학년 또는 5학년에 머물러 있고 수학이 어렵다고 느끼기 시작한다. 즉, 초등학교 고학년이 되면서부터 슬슬 수학에서 멀어지는 것이다.

소금물의 농도 문제, 분수 문제가 등장하면서 초등학생에게 수학은 본격적으로 어려워진다. 같은 출발선에서 시작해도 시간이 흐를수록 여러 가지 이유로 차이가 나기 시작한다. 중학교에 올라가면 이러한 차이는 점차 심화된다. 또 많은 학생들이 대수학이 등장하면 수학에 급격히 어려움을 느끼기 시작하는데, 왜 숫자 대신 x,

y 같은 문자가 등장하는지 이해하지 못하면 수학은 점차 외계어처럼 느껴지고 본격적으로 수학을 포기한다. 고등학교에 올라가면 이런 상황이 더 심화될 것은 불을 보듯 뻔한 상황이다. 그래서 우리나라의 수학 교육 환경이 다음과 같은 문제가 있다고 생각한다.

첫째, 한 교사가 수준 차이가 많이 나는 여러 학생들을 한꺼번에 가르쳐야 한다. 교사가 수업하는 내용에 대해 상위권 학생은 이미 학업을 마친 상태이고, 하위권은 아예 모른다. 이런 상황을 바로잡으려면 평가한 결과에 따라 학생을 수준별로 분류하여 수준에 맞게 수업해야 한다. 학생의 참여와 무관하게 정해진 진도를 나가는 것이 교육의 목표가 되어선 안 된다. 오히려 학생이 현 수준에서 앞으로 나아가게끔 도와주는 것이어야 한다. 그런 의미에서 현재의 수학 교육은 끊임없이 수포자를 양산하는 시스템이다.

둘째, 교사가 수업과 무관한 업무에 너무 많이 신경 쓴다. 영국의 경우, 교사는 수업 준비와 학생들의 과제를 첨삭하는 데 대부분의 시간을 쓴다. 교사의 할 일은 학생들에게 양질의 수업을 제공하기 위해 준비하고, 학생들의 과제를 확인하며 글로 소통하는 것이다. 그래서 선진국에서는 가르치는 인력과 행정 업무 인력이 완전히 분리되어 있다. 우리나라의 대형 학원에서는 재수 종합반이 이와 비슷한 시스템으로 운영되는데, 우리의 공교육 교사는 수업과 행정을 모두 다 해내야 한다. 그렇다 보니 학생이 수행한 과제를 세세히 살피기 힘들다.

셋째, 학생의 수준을 고려하기보다는 학년을 기준으로 전체적으로 수업한다. 한 학년이라도 제대로 따라가지 못하면, 이후로는 알아듣지 못할 고통스러운 시간이 될 뿐이다. 초·중·고등학교 12년간 공교육 수학 수업 시간은 통틀어 1,500여 시간이다. 아무리 재미있는 드라마도 50부작을 넘어가면 집중력을 잃게 마련인데, 재미도 없는 활동을 1,500여 시간이나 이어가면서 모든 사람이 똑같이 뒤처지지 않기를 기대하는 것이 오히려 불가능한 일이다.

넷째, 지식의 공유가 교육의 핵심이 되어야 하는데 평가가 교육의 핵심이 되고 있다. 학년이 올라갈수록 학생을 이해시키기보다는 평가의 시스템만이 더욱 공고해진다. 상대평가 제도를 유지하는 고등학교에서 교사는 어쩔 수 없이 다수의 학생이 틀릴 만한 시험 문제를 출제해야 한다. 4%의 1등급 학생을 나머지 96%의 학생과 구별할 수 있도록 까다로운 문항을 평가에 넣어야만 보이지 않는 경쟁에서 살아남을 수 있기 때문이다. 수업에서 배운 내용만으로 해결이 어렵다고 느끼는 문항이 있는 한 사교육에 대한 의존성은 자연스럽게 높아진다. 평가 결과에 대한 피드백과 대비책이 약하다는 것도 안타까운 일이다.

공교육의 취약점을 사교육은 아주 잘 이해하고 있다. 정확히 공교육이 하는 반대로 하는 것이 지금의 사교육이기 때문이다. 물론 나는 사교육 예찬론자는 아니다. 다만 공교육 영역에서 수학 교육 시스템이 정상적으로 작동하기 위한 방법을 말할 뿐이다.

우선 사교육은 학생 수준에 맞춰 수업을 제공한다. 실전 노하우를 제공하는 현장 강의는 소수의 학생으로 반을 편성하여 이뤄지고, 개념 강의 등 반복적 설명이 필요한 강의는 인터넷 강의 등으로 보완한다. 강사는 자신이 맡은 학생이 발전해나가는 상황과 과제물 등을 꾸준히 확인하여 학부모에게 피드백을 준다. 강사는 학생을 지도하고 첨삭하는 교육적 활동 외의 업무에는 거의 관여하지 않는다. 유명한 강사일수록 행정 업무를 도맡아 해주는 유능한 조교들이 있다.

그러므로 자기주도성이 대단히 강한 소수의 학생을 제외하고는 사교육을 벗어나서 스스로 공부하기가 쉽지 않다. 우리나라의 공교육 시스템이 과거에 비해 좋아지고 있는 것은 틀림없는 사실이지만, 아직 아쉬운 부분이 많다. 이를 바꾸기 위한 여론의 형성과 노력이 필요할 것이다. 수포자는 수학을 포기한 학생만의 문제가 아니다. 눈에 뻔히 보이는 문제점을 안 보이는 척, 괜찮은 척하며 수학적으로 뒤처지는 학생들에게 수포자의 낙인을 찍어버리는 손쉬운 해결 방법을 택하고 수수방관하는 구태적 교육 시스템의 문제라고 할 것이다.

11

전국 정답률 1.9%짜리 문제를 풀기 위한 여정

킬러 문항이라는 말이 있다. 대부분의 학생이 틀릴 수밖에 없는, 어쩌면 절대다수의 학생이 아예 풀어볼 시도조차 하지 않는 문제를 뜻한다. 학생들이 고3이 되고 모의고사를 치다 보면 자연스레 수학 영역의 킬러 문항에 도전할 학생과 포기할 학생이 정해진다. 목표하는 학교와 지원 학과의 인기가 높을수록 킬러 문항에 도전해야 하는 부담은 커진다. 그렇다면 대한민국에서 수학 공부를 하는 학생들이 12년의 마라톤 끝에 결국은 마주치는 킬러 문항을 살펴보자.

가장 난도가 극심했다고 소문났던 2017년도 11월에 시행된 2018학년도의 수능 가형(자연계열) 30번 문항이다.

30. 실수 t에 대하여 함수 $f(x)$를

$$f(x) = \begin{cases} 1-|x-t| & (|x-t| \le 1) \\ 0 & (|x-t| > 1) \end{cases}$$

이라 할 때, 어떤 홀수 k에 대하여 함수

$$g(t) = \int_k^{k+8} f(x)\cos(\pi x)\,dx$$

가 다음 조건을 만족시킨다.

> 함수 $g(t)$가 $t=\alpha$에서 극소이고 $g(\alpha)<0$인 모든 α를 작은 수부터 크기순으로 나열한 것을
>
> $\alpha_1, \alpha_2, \cdots, \alpha_m$ (m은 자연수)라 할 때, $\sum_{i=1}^{m} \alpha_i = 45$ 이다.

$k - \pi^2 \sum_{i=1}^{m} g(\alpha_i)$ 의 값을 구하시오. [4점]

이 문항은 전국 정답률이 약 1.9%였다고 한다. 단답형 문제로 답은 21이었다. 수능 단답형 문제의 정답은 주로 자연수이긴 하지만, 몇 자릿수인지도 모르는데 무작정 답을 찍을 수도 없다. 잘 모르는 문제의 답은 0아니면 1이었던 건 호랑이 담배 피우던 시절 이야기다.

우선 이 문제는 *g(t)*라는 함수의 기하학적 모양을 예상해서 극소(아래로 볼록한 곡선의 최저점)가 되는 *t*값의 패턴을 발견하고 이를 활용하면 풀 수 있다. 또한 함수 *g(t)*가 두 함수의 곱을 적분하는 문제이므로 이에 착안하여 부분적분법이라는 대수적 적분법을 이용하고 이를 통해 발견되는 수의 패턴을 찾아 해결할 수도 있다.

이런 문제를 풀어야 하는 학생과 학부모가 짚고 넘어가야 할 중요한 점은 무엇일까? 아무리 어려운 문제라도 문제는 크게 '기하적' 풀이와 '대수적' 풀이로 나뉜다. 그리고 효율적으로 킬러 문항을 해결하는 핵심은, 수험생의 머릿속에서 한 가지 영역에 얽매이지 않고 '기하적' 해결과 '대수적' 해결을 오가며 풀이해야 한다는 것이다.

인류 전체의 수학적 발전 과정을 보면, 고대 그리스 시대에는 기하학이 수학의 전부였다. 하지만 1,000년 이상이 흐르자 기하학의 발전은 정체되었고, 그 대신 대수학의 발전이 수학을 이끌기 시작했다. 그 이후에는 대수학을 기반으로 재구성된 기하학이 새로운 원동력이 되었다.

그런데 이러한 수학의 역사 발생적 원리가 12년에 걸친 한 학생의 개인적 수학 발전 과정에서도 유사하게 나타난다. 많은 나라의 수학 교과 과정 역시 이와 크게 다르지 않은 형태로 짜여져 시행된다. 즉, 초등학교의 교과 과정은 연산의 기초를 배우는 데 중점을 두고 있고, 중학교 교과 과정은 주로 대수를 사용하지 않는 기초적인 기하학의 학습에 많은 시간을 투자한다. 고등학교의 교과 과정에서는 데카르트 좌표 체계를 이용한 대수학의 학습에 많은 시간을 투자하며, 이렇게 학습한 대수학으로 데카르트 좌표 체계를 이용한 기하학을 배운다.

이러한 과정은 궁극적으로는 학습자의 대수적 사고 능력과 기하학적 사고 능력의 균형 잡힌 발전을 목표로 한다. 따라서 중학교 교과 과정에서 기하학의 학습에 많은 노력과 열정을 쏟아야 학생의 수학 능력 발전에 장기적으로 도움이 된다. 선행학습 때문에 중학교 수학을 소홀히 하고 대수에 많이 치우친 고등학교 교과 과정을 무리하게 선행학습하면 대수기하를 이해하는 데 선행되어야 할 기하학적 기본이 약해진다. 그러면 기하도 안 되고, 대수도 못 하고, 대수기하도 안 되는, 속된 말로 '죽도 밥도 안 되는' 애매한 상태가 될 수도 있다.

기하학적 영역은 대수적 영역에 비해 재능이 더 많이 작용하고 어릴 때 감각을 길러주기 위해 노력해야 하는 영역이다. 특히 공간 감각은 아무리 가르쳐도 안 되는 학생이 있는가 하면, 대충 말해도 찰떡같이 이해하는 학생도 있다. 3차원 공간에서의 적분을 가르치다 보면 공부를 잘하는 학생들도 공간적으로 구성된 도형에 대한 이해력에 극심한 편차가 있다.

고등학교 후반부에 학생들은 주로 대수화된 기하를 배운다. 그런데 막상 이 영역에서 출제된 고난도 문항을 풀이하다 보면 대수적 풀이는 이해하겠지만 기하적 해설은 상상조차 안 된다며 어려움을 호소하는 학생들이 꽤 많다. 어려서 기르지 못한 감각이 커가면서 학생의 발목을 잡는 것이다.

그래서 나는 자녀가 어릴 때부터 공간 감각과 관련이 있는 장난감에는 돈을 아끼지 않았다. 아이는 처음엔 설명서를 보면서도 블록 조립을 어려워하더니, 곧 완성된 그림만 보고도 조립하는 수준에 이르렀다. 많은 학생을 지도하며 아이가 어릴수록 기하학적 감각을 기르는 데 아낌 없이 투자해야 한다고 믿게 되었다.

미국에서도 대표적인 교육 과정이자 시험 과정인 AP 수학 교육 과정의 핵심 지침은 학생이 수학적 내용을 배웠을 때 그 내용에 대한 기하학적 해석과 대수적 수식 사이의 관계를 이해할 수 있도록 수업 교안을 구성해야 한다는 것이다. 나는 학교에서 진행하는 수업을 인증하는 AP Course Audit을 받기 위해 강의 계획서를 준비했는데, 이 과정에서 특히 많은 시간을 할애하여 고민했던 강의 계획서의 내용은 대수와 기하의 연결 부분을 어떻게 의미 있게 구성할 것인가였다. 즉, '대수를 가르치며 기하를 잊지 말 것. 문제를 기하학적으로 해결하되 대수를 적절히 사용할 것. 학습자가 두 영역의 감각을 언제나 함께 기를 수 있도록 고려하는 수업을 구성할 것'이 지침이었다.

* * *

나는 수학 교사가 학생을 지도할 때 이 두 가지 영역을 항상 고려해야 한다고 믿는다. 기하학적 해결법으로 이미 해결된 문제라고 해도 기하의 도움 없이 완전히 대수적 방법으로만 풀 수는 없는지 학습자가 생각해보도록 하고, 또 반대의 경우도 고민한다. 그리고 두 해결 방법을 모두 안다고 해도 두 풀이의 상호 관계를 고민하도록 한다. 그러면 학생은 문제를 가장 간결하고 아름답게 이해할 것이다. 이런 과정을 꾸준히 연마한 학생은 짧은 시간에 어려운 문제를 깔끔하게 해결할 수 있다.

결국 수능의 다양한 킬러 문항을 분석하며 내가 얻은 결론은, 교과 과정상의 어떤 영역도 소홀히 해서는 안 된다는 것이다. 기하와 대수로 대표되는 두 영역을 제대로 이해해야 학생의 수학 능력이 높아지고, 그게 가능한 학생만이 1%대의 정답률을 보이는 문항을 풀 수 있다.

입시 수학은 수학자들이 말하는 자연과학으로서의 수학과는 꽤 다른 성질을 가지고 있다. 기하학적으로 눈에 보이거나 상상할 수 있는 것을 대수학이라는 수학적 언어로 표현할 수 있게 된다면, 또는 대수학이 나타내고 있는 수학적 언어를 기하학적으로 해석해낼 수 있다면 진짜 수학을 할 수 있다. 진짜 수학 능력이 길러진 뒤, 입시 수학의 결과는 그 능력에 대한 부산물로 자연스럽게 얻는 열매가 된다. 그리고 수학이 학습자의 삶에서 진짜 힘이 되는 지식으로 작용할 것이다.

PART
2

21명의 제자들이 전하는 공부와 수학에 대한 다양한 이야기

+

×

−

÷

01

공부는 원래 즐거운 것이다

하버드 대학교 권보경

하버드 대학교(Harvard College)에서 사회학(Sociology)을 전공하고 현재 스타트업계에서 근무 중인 권보경 학생은 끈기와 노력으로 수학을 공부했습니다.

보경이가 3학년 2학기에 재학할 때, 시험을 채점하다가 보경이의 답이 제시된 정답과 미묘하게 다르다는 것을 발견했습니다. 알고 보니 보경이는 교과 과정을 넘어가는 내용인데 제가 수업 중에 잠깐 언급했던 것까지 복습해서 이를 반영하여 문제를 풀었던 것이었습니다. 시험 범위에 포함되지 않거나 교과서를 넘어가는 내용을 설명하면 대부분의 학생은 한 귀로 듣고 흘려보냅니다. 하지만 보경이는 수업 시간에 잠깐 설명했던 내용까지 복습하고 이해하려 노력한 학생이었습니다.

그래서 보경이가 저에게 대학교 추천서를 부탁했을 때 너무나 절절한 마음으로 이 학생이 좋은 대학에 합격하길 바랐고, 정말 열심히 추천서를 작성했습니다. 보경이가 하버드에 합격했다고 울먹이며 저에게 전화했던 그날은 제 평생 잊혀지지 않는 행복한 기억이 되었습니다.

학창 시절에 저보다 더 열심히 공부했던 친구도 분명히 있었겠지만, 절대적으로 봤을 때 제가 꽤나 열심히 공부하려고 노력했던 것은 하늘에 대고도 부끄럽지 않게 이야기할 수 있어요.

정말 진심을 다해 열심히 공부했던 이유는 여러 가지가 있지만, 공부가 제게 주는 이익을 깨달은 것이 가장 중요하다고 생각해요. 누군가는 거짓말이라고 생각할 수도 있겠지만, 솔직히 저는 학창 시절의 공부가 즐거웠어요. 물론 어떤 조건에서 하는 공부인가에 따라 달라질 수도 있겠지만요.

권보경 학생은 공부 때문에 밤을 지새우거나, 원하지 않는 내용을 일정에 맞춰 억지로 암기할 때는 힘들었다고 합니다. 하지만 공부 자체는 전반적으로 매우 재미있었다고 해요. 옛말에 아는 만큼 보인다고, 다양한 수업을 듣고 글을 읽으며 과거와 현재 그리고 미래를 내다보는 방법을 배우며 세상을 알아가는 즐거움을 느꼈어요.

고등학생이 되고 나서 초등학생이나 중학생 때보다 글을 더 잘 쓰고, 수학의 이치도 조금이나마 더 잘 알고, 소설의 내용도 더 폭넓게 이해하고, 역사의 흐름도 더 잘 파악하는 발전하는 내 모습이 꽤나 흐뭇했어요. 그 흐뭇함은 고등학교를 졸업한 지 15년이 흐른 지금도 느끼고 있어요. 그리고 지금의 삶과 생활에서도 중고등학교 때 배웠던 많은 것을 활용하며 살아가고 있지요.

최근에 가족들과 일본으로 여행을 다녀왔는데, 중학교 때 배웠던 일본어를 유용하게 써먹었어요. 또 업무 미팅 중에 고등학교 때 배웠던 수학 개념을 활용하여 멋들어진 비유로 소통하기도 했고요. 업무를 위해 글을 써야 하거나 발표 자료를 준비하다 보면 학창 시절에 읽었던 책을 인용할 때도 있고, 국어 시간에 배웠던 맞춤법을 떠올리며 글을 수정하기도 해요. 영어로 글을 작성할 때 SAT 작문 시험을 준비하며 익혔던 문법도 요긴하게 사용하지요. 심지어 지인들과 함께하는 식사 자리에서도 학창 시절을 성실하게 보낸 나 자신에게 감사할 때가 있어요.

물론, 아직도 갈 길이 멀어요. 아직도 모르는 것투성이고, 새롭게 알아야 하는 것도 많지요. 학창 시절과는 달리 이런저런 핑계로 배움을 우선순위로 두지 못할 때가 많아요. 서른 중반이 되고도 문학, 동물, 식물, 태양계, 지리, 역사, 예술, 언어, 의학 등 배울 것이 너무도 많거든요.

그래서 가끔은 학창 시절이 그리워져요. 학업 말고는 별다른 걱정 없이 마음껏 배우기만 해도 되었던 그때. 어려운 고전도 친구들과 같이 토론하며 읽다 보면 내용이 머릿속에 쏙쏙 들어왔고, 막막해 보이는 수학 문제도 선생님이 가르쳐주시는 대로 차근차근 생각 사다리를 한 걸음씩 오르다 보면 어느새 해답에 다다르고는 했거든요. 그 즐거움은 인간만이 누릴 수 있는 고유의 행복이 아닐까 싶어요.

우리가 살아가는 현대 사회에는 어차피 인간보다 더 빨리, 정확하게 배우는 인공지능이 있고, 지식과 정보가 쌓여가는 속도는 너무도 빠르며, 어떤 지식이든 인터넷에서 검색하면 상세히 알아볼 수 있는 세상이 되었어요. 그래서 어차피 우리가 기계와 견주어 그들을 지식의 양으로 이길 필요도 없고, 그럴 수도 없으며, 그것이 배움의 목적은 아니라고 생각해요. 어차피 인터넷에는 내가 아는 지식보다 더 깊고 상세한 지식과 정보가 즐비하니, 인공지능이나 인터넷을 기능적으로 이기려고 배우는 것이 아니라 인간으로 태어나서 인간이 즐길 수 있는 행복을 십분 즐기기 위해 배우는 것이라고 생각해요.

"배우고 때때로 그것을 익히면 또한 기쁘지 아니한가(學而時習之, 不亦說乎)."

대학교 시절, 동양 철학 수업 시간에 배운 《논어》의 한 구절인데, 배움의 기쁨을 잘 표현하고 있어요. 물론, 무한 경쟁과 시험, 각종 과제에 찌든 현대 사회의 청소년과 청년에게는 심각하게 여유 넘치는 말이라며 비꼬는 사람도 있으리라 생각하지만요.

그렇지만 하버드 대학에 입학하자마자 1학년 첫 학기에 들었던 조언 중 하나도 학교를 지식적으로 뛰어놀 수 있는 놀이터로 생각하고, 배움에서 오는 즐거움을 최대화하고 세상을 알아가는 행복을 열심히 즐기라는 것이었어요. 때로는 배움의 과정에서 자괴감과 괴로움도 느끼겠지만요. 하버드에도 공부를 좋은 직업이나 명예를 얻는 데 필요한 도구로 여기고 그를 활용하기에만 급급한 학우도 있었어요. 하지만 전반적인 하버드 대학의 학풍은 '리버럴 아츠(liberal arts)'에 기반을 두고 있어요. 학생들이 리버럴 아츠 교육 과정을 거치면서 그 시대를 살아가는 데 필요한 교양을 갖춘 지식인으로 성장하기를 바라지요.

한번은 학과장님에게 취업을 위한 수업을 하나 듣겠다고 했더니, 소중한 수업을 들을 기회를 취업을 위해 날리지 말고 더 의미 있는 공부를 위한 수업을 듣는 것이 어떠냐는 조언을 들었던 적이 있었어요. 하버드 학부 교수님들은 직업이나 전문적 능력을 강조하는 배움은 로스쿨이나 의학전문대학원에서 다루는 것이라고 생각하기 때문에, 하버드 대학의 학부 과정에는 직업적 교육 과정이 없어요. 대신 철학, 과학, 문학, 사회과학 등 다양한 인문학적 소양을 갖추라고 조언하지요. 가끔은 리버럴 아츠를 너무 중시하시는 교수님들을 보며 학생들이 먹고살아갈 능력이나 취업은 생각하지 않고 너무 학문 타령만 하시는 건 아닌가 하는 생각이 들 때가 있었지요. 하지만 대학을 졸업한 지 10년이 다 되어가는 요즘, 교수님들이 왜 그렇게 직업적인 교육이나 전문적인 교육은 학부 이후에 배워도 된다고 말씀하셨는지 이해가 됩니다. 중학교, 고등학교 및 대학교 이후로는 대개 취직해서 은퇴 전까지는 정말 쉴 틈 없이 바쁘게 사는데, 학부 때만큼 정말 여유롭게 학문에 폭 빠져서 공부하는 기회가 흔히 오지 않겠지요.

무엇이든 배워두면 자신에게 유익하고 쓸모가 있을 뿐 아니라 남에게도 인정받고 주변 사람들에게도 유익한 영향을 줄 수 있으니 얼마나 즐거운 일인가요? 업무를 하면서도, 여행하면서도, 지인들과 수다를 떨면서도 이제까지 배운 것을 요긴하게 사용하다 보면 공부에 투자한 시간과 노력이 아깝지 않다는 것을 깨닫습니다.

공부는 인간만이 누릴 수 있는 특권입니다. 공부는 나를 자유롭게 하고, 나를 더 나은 사람으로 성장시키고, 내가 보는 세상을 더 넓혀주는, 평생을 가까이해야 하는 친구와도 같은 것입니다. 다행히 저는 고등학교 시절부터 이런 사실을 어렴풋하게나마 알고 있었기 때문에 공부하는 시간을 소중히 생각했고 열심히 시간을 낭비하지 않았어요.

어려운 선행학습, 입시를 위한 치열한 공부, 살아남기 위해 했던 지옥 같은 공부 과정으로 점철되다 보니 공부는 힘들고 피하고 싶은 것으로 자리 잡았을지도 모르겠어요. 하지만 공부는 지적 욕구를 충족시키는, 인간이 본래 가지고 있는 욕구를 충족시키는 가장 건전하며 유익한 방법이 아닐까요. 공부는 원래 즐거운 것이지, 그 자체가 괴로운 것은 아님을 깨달아야 해요.

끝이 보이지 않는 시험과 과제에 파묻혀 왜 공부해야만 하는지 하소연하는 친구도 있을 테고, 괴로움에 몸부림치며 어딘가 숨어버리고 싶을 수도 있어요. 하지만 학창 시절만큼 공부를 밀도 있게 즐길 수 있는 시간은 다시 오지 않을지도 모른다는 것도 알아두면 좋겠어요. 학창 시절은 온전히 지적 자산을 쌓아나갈 수 있는 절호의 기회예요. 그러니 학생들이 배움의 즐거움을 온전히 누리며 학창 시절을 허투루 보내지 않았으면 좋겠습니다. 무거운 책임 없이, 틀리고 불완전하고 서툴러도 혼나지 않고 질문할 수 있고, 실수를 바로잡으며 지식 창고를 채워갈 수 있는 유일한 시기는 바로 학창 시절입니다.

02

더불어 살아가기 위해 꼭 필요한 것

하버드 대학교 황지예

하버드 대학교에서 영문학을 전공하고 컬럼비아 대학원에서 역사와 문학을 전공한 지예는 뉴욕 대학교에서 법학을 공부하여 현재는 뉴욕주 소재의 로펌에서 이민 전문 변호사로 일하고 있어요. 고등학교 시절부터 특유의 똘망똘망함과 재치, 긍정 에너지가 넘쳤고, 무엇이든 도전하고 성공하기 위해 열정을 쏟을 줄 아는 정말 멋진 학생이었어요.

지예는 어렸을 때 산타할아버지가 정말 있어서 선물을 주시는 것인지, 아니면 부모님이 몰래 선물을 주는 것인지 궁금했대요. 그래서 자기가 정말 받고 싶은 선물은 하늘에 소원으로 빌고, 소원과 조금 다른 선물에 대한 힌트를 부모님에게 은근슬쩍 흘린 뒤 크리스마스이브 밤에 두근거리는 마음을 달래며 잠들었어요. 결국 산타

할아버지는 없다는 나름의 이성적인 결론을 얻었다고 해요. 어려서부터 궁금한 것이 생기면 알아내기 위해 노력하는 대담함과 재치를 지닌 아이였던 것 같아요. 〈스타워즈〉를 너무나 좋아해서 어디에서든 '포스가 함께하기를' 원하던 지예는 정말로 포스를 지닌 제다이처럼 느껴지는 제자입니다.

저는 대학원도 5년 전에 졸업하여 몇 년째 직장에서 일하고 있어요. 이따금 학업의 의미가 무엇이었을까 질문을 되뇝니다. 저는 실생활에 유용한 배움을 추구했던 것은 아니었어요. 중학교 때 과학 경시대회에 출전했던 기억이 납니다. 주어졌던 문제는 "목이 긴 삼각 플라스크에 풍선을 거꾸로 집어넣어라"는 것이었어요. 알코올램프로 삼각 플라스크 안의 공기를 가열하여 팽창시킨 후 풍선을 입구에 씌웠습니다. 두근거리는 마음으로 공기가 식기를 기다렸는데, 어느 순간 거짓말처럼 풍선이 플라스크 안으로 거꾸로 빨려 들어가, 삼각 플라스크를 가득 채웠어요. "진짜 되네?" 그 순간 느꼈던 감정은 신기함이었을까, 희열이었을까, 경외감이었을까? 잘 모르겠지만 그 순간만은 생생히 기억납니다. 사물의 이치를 깨우치는 것, 그로 인해 세상에서 일어나는 일들의 원리를 이해하고 예측하고 원하는 결과를 만들어내는 것, 그것이 학문의 의미가 아니었을까 합니다.

변호사로 일하면서, 또 미국, 캐나다 전역을 여행하며 다양한 인종, 배경, 교육 수준을 가진 사람들을 만나고 있습니다. 두드러지는 점은 타인에 대한 이해와 세상을 보는 시선의 차이입니다. 항상 그런 것은 아니지만, 교육 수준이 높을수록 타인의 관점에 민감하고 차이를 존중할 줄 알며 스스로의 관점이 절대적이지 않음을 받아들이더라고요.

북미에서는 최근 총기 사건과 혐오 범죄가 커다란 사회문제로 대두되고 있습니다. 하나의 관점에 갇히지 않고 자신의 세계를 확장하는 법을 깨우치는 것, 다원화된 사회에서 더불어 살아감의 중요성과 사회의 상호 연결성을 깨우치게 하는 것이 교육의 중요한 목적이 되어야 한다고 생각합니다.

지예는 중고등학생 때는 가장 좋은 대학에 가는 것이 자신의 가치를 증명하는 최고의 방법이라고 생각했었다고 해요. 실제로 하버드 대학에 합격하고 나니 인터뷰 요청, 책 집필 제안 등 쏟아지는 관심과 기대를 받았지요. 수많은 가능성이 눈앞에 펼쳐졌지만, 정작 자신이 무엇을 좋아하는지, 세상에 어떻게 기여할 수 있을지, 어디에서 어떤 일을 하며 살아가고 싶은지 확실치 않았어요. 전공을 선택할 때도 문학, 역사, 철학 사이에서 고민했고 진로를 선택할 때도 대학원, 로스쿨, 언론인, 애니메이션 스토리 작가, 웹툰 작가, 소설가 사이에서 마음을 정하기가 어려웠다고 해요.

적지 않은 세월이 지난 지금, 삶의 방향성에 대한 고민은 아직도 계속하고 있어요. 최근에는 "내가 나눌 수 있는 것은 무엇인가?"라는 질문에 초점을 맞추고 있습니다. 주변 사람들의 삶, 나아가 세상을 좀 더 풍요롭게 하기 위해 내가 가진 것 중에서 내놓을 수 있는 것은 무엇인가 고민하면서 탈무드의 '달란트' 이야기를 떠올리곤 합니다. 내가 가진 재능 중에서 흙에 묻어놓은 것은 없는지 고민하고 있어요. 작년부터 원 보이스 코러스라는 합창단에 참여하여 노래를 부르고 있습니다. 얼마 전에는 콘서트도 했습니다. 지금까지 행복이 1순위 목표였던 적이 없었는데, 최근에는 그 부분을 탐구하고 있습니다. "어떻게 살면 내가 좀 더 행복해질까? 어떻게 살면 삶이 좀 더 의미 있을까?" 자기 자신을 잘 아는 것, 소중히 여기는 것, 그리고 가장 빛나는 부분을 세상과 나누며 살아가는 것이 모두에게 주어진 가장 중요한 과제가 아닐까 합니다.

영문학, 법학으로 진학한 이후 수학을 다시 공부해본 적은 없으나, 일상생활에서 수학적인 상식 또는 이해가 중요하다고 생각될 때가 있습니다. 일례로 제가 하는 이민법 업무 중 사업가, 투자자와 관련하여 기업의 재무표를 분석해야 할 일이 종종 있습니다. 엑셀에서 필요한 값을 얻어내기 위해 공식을 만들어내고 이를 응용하는 과정에서, 수학적인 이해도가 높다면 좀 더 자유자재로 이러한 도구를 사용할 수 있겠지요. 최근에는 주택 담보 대출과 관련하여 이자율, 대출 금액, 기간 등이 변화함에 따라 매달 차감되는 금액이 얼마가 될지 공식에 대입하여 계산해본 적이 있는데, 잊고 있던 수학적인 지식을 다시 사용한 것 같은 기분이었습니다.

지예는 자신을 증명할 수 있는 좋은 방법이 공부라고 생각했고, 실제로 자신을 증명해 보인 학생이에요. 그리고 자신이 가진 것을 세상을 밝게 만드는 데 사용하고 자신의 재능을 기부하며 살고 있어요. 학창 시절의 당차고 꿈 많았던 학생이 꾸준히 자신의 이상을 실현하며 살고 있는 모습을 보니, 저도 정신이 번쩍 들어요. 지예에게 항상 포스가 함께하기를 바랍니다. May the force be with you.

03

리버럴 아츠 교육으로 배운 참지식

애머스트 대학교 김성주

성주는 애머스트 대학교(Amherst College)에서 철학을 전공했어요. 지금은 베트남에서 SAT/TOEFL 전문 영어 학원을 운영 중입니다.

성주는 나의 제자이지만, 고마운 은인이자 친구처럼 느껴질 때가 많습니다. 결혼식 때 축하 무대로 합창을 해준 것도 고맙고, 내가 자전거로 서해안에서 부산까지 국토 종주했을 때에도 부산 종착점에 미리 나와서 나를 응원해주는 이벤트를 해준 것도 평생 잊을 수 없습니다. 진정한 자아 성찰과 학문적 성장을 위해 애머스트 대학교를 선택한 성주를 옆에서 지켜보았습니다. 성주가 정말 훌륭한 인격체이자 능력 있는 사람으로 성장하는 것을 보면서, 내 아들딸도 애머스트에 갈 수 있다면 정말 좋겠다는 생각이 들었어요.

고등학교 때 저는 문과 학생이었습니다. 수학보다는 문학을, 물리학보다는 역사를, 화학보다는 경제학을 더 좋아하고 잘했기 때문입니다.

매년 발표되는 노벨문학상, 이상문학상 수상작을 읽어보며 저만의 순위를 매겨보는 것이 한 해의 즐거움이었습니다. 또 〈뉴욕타임스〉나 〈월스트리트저널〉에 실린 경제 칼럼/사설을 읽으며, 현재 일어나고 있는 사회경제적 현상을 경제학자들은 어떻게 분석하는지 읽어보는 것도 재미있었습니다.

그런데 수학이나 과학에는 그런 재미가 없었습니다. 필즈상을 누가 받았는지에 관심을 갖거나 어떤 수학적 발견을 했길래 수상했을까 궁금해하는 일은 없었어요. 물론 과학은 수학보다 조금 낫긴 했습니다. 신문을 펼치면 그래도 과학 섹션이 있고 최첨단 과학기술이나 과학적 발견에 대한 소식은 알 수 있었으니까요. 하지만 생생하게 살아 있는 지식을 내가 이해하고, 그것에 대해 스스로 비판/평가해보고, 나의 지식으로 재구성하는 것이 가능해 보이지 않았습니다. 고등학생인 저에게 그것은 너무 요원해 보였어요. 그래서 지금 돌이켜보면 수학과 과학은 과거의 천재 수학자나 과학자가 발견한 엄청난 수준의 어려운 지식을 피상적으로 맛보는 학문이었습니다.

문과 학생이라고 스스로 생각하고 문과로 남고 싶다고 생각한 것은 어떻게 보면 너무 당연했습니다. 저는 과거의 유물을 공부하는 것에는 흥미를 느끼지 못했기 때문입니다. 당연하게도 제가 공감할 수 있고 재미를 느끼는 공부를 하고 싶었습니다. 물론 고등학교 때는 그러기가 힘들었지만 나중에 대학교, 대학원을 가서 수학/과학을 전공하면 다를 수도 있다는 조언을 해주시는 분들도 계셨습니다. 하지만 그런 말씀은 큰 울림을 주지 못했습니다. 대학교/대학원에서 전공하려면 고등학교 때부터 이과생이 돼야 하는데, 나중에 내가 좋아할지 말지 알 수 없는 것을 어떻게 선택하나요. 그런 모험은 할 수 없었습니다. 그래서 저는 고등학교 때 수학/과학과 작별하고 대학교에 진학했습니다.

제가 다닌 애머스트 대학교는 리버럴 아츠 교육(Liberal Arts Education)이라는 특이한 방식으로 교육합니다. 석/박사 대학원 과정이 없고 학사 과정만 있으며, 학생 수도 1,600명을 넘지 않는 조그만 학교입니다. 다른 대학처럼 입학할 때 전공을 정하고 그 전공을 졸업할 때까지 심도 있게 공부하는 방식이 아니며, 전공도 몇 개 없습니다. 공학, 회계학, 법학, 의학과 같은 실용/응용 학문은 하나도 없고 문학, 수학, 철학, 역사학, 자연 과학 같은 순수 학문만 있었습니다. 2학년까지는 전공을 정할 필요도 없고 자유롭게 듣고 싶은 수업을 아무거나 듣습니다. 필수 교양 과목도 없습니다. 2학년이 끝날 때 전공을 정하고, 남은 2년간 전공 수업을 들어도 전공 필수 조건을 충족시키고 졸업할 수 있어요.

제가 입학했을 때 지도 교수님도 학교의 특성을 충분히 이용하라며 저에게 이과 과목을 들을 것을 적극 권했습니다. 그래서 제가 듣고 싶다고 선정한 1차 수업 리스트에서 수학과 과학이 없자 서명을 해주지 않겠다며 으름장을 놓기도 하셨습니다. 그래서 울며 겨자 먹기로, 약간의 기대를 가지고 대학교에서 이과 과목을 들었습니다.

그런데 제가 가지고 있던 편견이 다 깨지는 신기한 경험을 했습니다. 수학과 과학이 이렇게나 공감 가고 친근하게 느껴진 것은 처음이었습니다. 앞서 말씀드렸듯이, 저에게 수학/과학은 마치 베토벤의 교향곡 같은 존재였습니다. 학교에서 가르치고 성적에 들어가니까 열심히 배우고 암기했을 뿐, 제가 좋아하진 않는 그런 것, 다른 사람들이 베토벤은 천재이고 그 사람의 교향곡은 천재의 작품이라고 하니깐 '아, 그렇구나. 베토벤은 천재구나'라고 동조할 뿐, 베토벤의 어떤 부분이 천재적인지 묻는다면 대답할 도리가 없는 그런 것. 그런데 대학교에서 새로이 만난 수학/과학은 달랐습니다. 애머스트의 방식으로 배운 수학/과학은 정감이 갔습니다.

첫째, 가장 근본적인 학문의 목적부터 어떻게 이 학문이 발전해왔는지, 그래서 현재 어디까지 왔는지, 오늘날의 학자들이 첨예하게 논쟁을 벌이고 있는 질문/과제는 무엇인지까지 배우니 이 학문의 큰 흐름을 느낄 수 있었고, 그래서 훨씬 덜 헤맸습니다. 논리적인 개연성과 인과관계로 연결된 한 편의 소설을 읽는 방식으로도 수학/과학을 공부할 수 있다는 것을 깨달았습니다. 대수 따로, 기하학 따로, 미적분 따로 공부했던 저에게 이런 접근법은 신선한 충격을 줬습니다.

둘째, 어떤 학문을 배울 때 그 학문의 능력과 한계도 생각해볼 수 있었습니다. 그리고 그 과정에서 답을 찾는 것보다 좋은(하지만 대답하기 어려운) 질문을 많이 하는 데 주안점을 둔다는 것도 달랐습니다. 이런 접근법 덕분에 객관적이고 깊이 있게 그 학문을 이해할 수 있었습니다.

예를 들어 수학은 공리라고 하는 몇 가지 근본적인 명제에서 출발합니다. 이 명제들이 참이라고 가정하는 이유는 직관적으로 자명하게 느껴지기 때문입니다. 공리를 참으로 가정하는 것은 올바른가? 하지만 그렇게 하지 않으면 이 학문이 더 이상 나아갈 수 없지 않는가? 그렇다면 공리를 참으로 받아들이는 것은 현실적으로 불가피한 선택일까, 아니면 정당한 학문적 결정일까? 이러한 질문을 두고 처음으로 토론해보는 기회를 가졌습니다.

또 다른 예로 귀납법은 얼마나 엄밀한가? 아무리 수많은 개별적인 경우를 근거로 들어도 거기서 일반적 명제를 도출하는 것이 정당한가? (흰 백조와 검은 백조의 이야기는 잘 알려져 있잖아요.) 한편 자연계에서 이루어지는 자연과학과 다르게 수학은 추상적인 영역에서 이루어지는 학문이므로 일반적 명제를 도출할 만큼 개별적 근거를 충분히 쌓아 올리는 것이 가능할 수도 있지요. 그렇다면 수학에서 귀납법은 자연 과학에서의 귀납법과는 다른 지위를 누릴 수 있는가? 이러한 질문을 통해 배우는 수학/과학은 친근하게 느껴졌습니다.

마지막으로, 이런 유연한 접근법 덕분에 학생들 간에도 유연하고 창의적인 토론이 가능했습니다. 한국이라면 "무슨 헛소리 하는 거야? 왜 저렇게 나대지?"라며 눈치를 줄 법한 얘기였지만, 이곳에서는 교실 안이든 밖이든 아무렇지 않았습니다. 저도 나중에는 이런 문화에 익숙해져서 눈치 안 보고 자유롭게 제 생각을 말하고 이상한 질문을 던지곤 했습니다.

$$F(x) = \int x^{\pi} dx$$

이 함수는 공식을 적용하면 답을 금방 구할 수 있습니다. 하지만 제가 정말로 궁금한 것은 도대체 이 식이 무엇을 의미하는가 하는 것이었습니다. 암기한 공식을 기계적으로 적용하여 답을 구하기보다는 이 과정이 어떤 의미인지 정확히 이해하고 싶었습니다. X를 무리수 pi(3.14159……)만큼 제곱했을 때 나오는 커브(일단 이게 무슨 의미인지도 직관적으로 상상하기 힘드네요. 어떤 미지수를 무리수만큼 제곱할 수 있는가? 그리고 그것은 어떤 특정한 형태를 가지기나 하는가?), 그 미지의 커브 아래 면적을 구할 수 있는가?

실제로 애머스트에서 미적분 수업 중에 학생이 교수님께 질문을 던졌고, 교수님 또는 학생들 중 그 누구도 눈치를 주거나 짜증을 내지 않았다고 해요. 오히려 다들 궁금하게 느끼고 교수님께서도 최선을 다해 설명해주셨다고 합니다. 저는 이런 공부가 참지식을 얻기에 적합하다고 생각해요.

교수님의 설명은 지금 정확히 기억이 나지는 않아요. 하지만 교수님께서도 아이처럼 신나서 이 질문의 의미를 함께 고민해주셨고 나름의 답을 제시해주셨다는 건 기억하고 있어요.

수학 전공자와 물리 전공자 그리고 컴퓨터공학 전공자 간의 대화도 기억이 나요. 자연계에서 일어나는 현상의 인과관계를 가장 정확하게 표현할 수 있는 언어가 수학일 텐데, 그렇다면 수학은 언어라고 볼 수 있는가? 수학을 언어의 한 종류라고 가정했을 때, 자연계의 사물이 추상적, 상징적인 수학으로 가장 잘 설명된다는 이 역설은 어떻게 이해해야 하는가? 인간이 컴퓨터와 소통할 때 컴퓨터 언어를 사용하고, 이 언어도 일종의 수학인데, 가장 자연적이지 않은 기계의 언어가 수학이라는 것을 또 어떻게 이해해야 하는가?

성주가 흥미진진하게 소개해준 애머스트 대학교의 수업 방식을 일일이 열거할 수는 없겠지만, 이런 예시를 통해 공부를 한다는 것의 의미를 진지하게 다시 생각해보는 계기가 되었어요.

예전에 한국에서 수학/과학을 공부할 때 수학/과학은 이미 답이 정해진 학문이고 매우 객관적인 학문이라는 인상을 받았습니다. 하지만 대학교에서는 예술과 같은 방식으로 접근할 수 있다는 느낌을 받았습니다. 그래서 뼛속부터 문과생인 저도 더더욱 유연하고 창의적으로 배울 수 있었습니다. 그래서 흥미로웠고 재미있었습니다. 아마 제가 대학교에서 경험한 색다른 접근법을 중학교/고등학교 때 경험했더라면 이과생이 될 수도 있었을 것이라는 아쉬움이 남네요. 물론 우리나라 교육이 잘못됐다든가, 그래서 이러저러하게 개선되면 좋겠다는 주장을 하는 것은 아니에요. 우리의 교육 방식도 많은 장점이 있으니까요. 하지만 제 아들딸이 수학과 과학을 공부할 때는 특정된 한 가지 방식이 아닌 다양한 방식으로 공부할 수 있다면 참 좋겠습니다.

04

다양한 도전과 풍요로운 삶

뉴욕 대학교 김민주

민주는 뉴욕 대학교(New York University)에서 생물학을 전공하고 미술을 부전공했어요. 그 후 한국으로 돌아와 서울대학교 치의학전문대학원에서 치의학을 전공하고 지금은 치과 의사로 일하고 있지요. 그리고 모바일 게임회사를 창업하여 새로운 도전도 하고 있어요. 몇 년 전에 민주가 그림 전시회를 열었을 때 전시회에 초청받고 기쁜 마음으로 달려갔어요. 어린 시절부터 현재까지 자신이 보고 자란 풍경을 시간 순서로 그려낸 작품들이었는데, 너무나 아름답고 마음이 포근해지는 그림들이었어요. 생물학만 제대로 공부하기에도 벅찰 텐데 미술까지 부전공할 만큼 부지런하고 열정적인 태도는 항상 민주를 빛나게 하고 풍요롭게 만들지요.

저는 부산이 고향이고 경상남도 창원에서 중학교 1학년을 마친 후 2002년 가족들과 뉴질랜드로 갔어요. 저는 중학교 1학년 때부터 열심히 공부했어요. 배치고사에서 1등 한 후에는 대개는 전교 6등 정도였어요. 당시에는 특목고 인기가 상당했는데, 많은 학교 중에서도 저는 민사고로 진학하고 싶었죠. 어릴 때부터 친하게 지냈던 오빠가 민사고에 진학했는데, 어렸던 저에게는 그게 너무나도 부러웠어요. 부모님은 저에게 바이올린, 미술, 영어를 열심히 가르쳐주셨는데, 특히 엄마는 더 좋은 교육을 받을 수 있는 환경을 마련해주고 싶어 하셨어요. 그래서 아빠를 설득해서 저의 고등학교 진학에 맞춰 온 가족이 다 함께 영어권 나라로 떠났어요. 당시 미국은 9·11 테러 직후라 비자 발급이 까다로웠기에, 친척 집이 있는 뉴질랜드 오클랜드로 갔어요.

뉴질랜드에서는 공립학교에 자리가 없어서 차로 50분 거리에 있는 여자 사립학교를 다녔어요. 다행히 뉴질랜드에서 소문난 매우 좋은 학교였어요. 초등학교부터 고등학교까지 다니고 전교생이 교복을 입는 학교였어요. 저는 레벨 테스트를 통해 상급 수학반에 배정되었는데, 모든 과목은 정해진 교과서가 없었고 체계가 없어서 다소 혼란스러웠어요. 수업의 내용이 어렵다기보다는 한 학기나 1년 동안 배울 내용의 전체적인 흐름을 파악하고 내용을 연결지어 이해하며 공부할 수 없어서 애를 먹었던 기억이 나요. 한국 학교 수업이 얼마나 체계적이었는지 새삼 느꼈어요.

특히 수학 수업의 경우 간단한 1차 방정식을 배우다가 갑자기 다음 시간에 알록달록한 초콜릿을 준비물로 챙겨 와서 색깔별로 수를 세어 각 색깔 비율을 알아보라는 식이었어요. 수학 선생님이 한국 학생들은 수학을 잘한다며 방과 후 수학 경시대회 준비반에 저를 추천해서 넣어주셨어요. 주어진 개수의 선으로 지시하는 모양과 도형을 만드는 문제들을 풀어야만 했어요. 초등학교 때부터 영어를 열심히 준비해서 다행히 영어로 소통하는 데 큰 문제는 없었지만, 학생들뿐만 아니라 선생님들도 인종차별을 해서 마음고생을 많이 했어요. 그래서 바이올린 연습을 정말 열심히 했어요. 학교 오케스트라에서 콘서트미스트리스였고 오케스트라에서만큼은 인종차별에서 자유롭다고 느꼈거든요.

민주는 뉴질랜드에서 열심히 공부하겠다는 다짐을 지키기 위해 노력했고 9학년 전체 2등을 하며 1년을 무사히 보냈다고 해요. 그리고 다행히 미국 비자를 발급받는 데 성공해서 다시 미국 뉴저지로 향했어요.

미국에서의 생활은 뉴질랜드보다 좋았어요. 눈에 띄는 인종차별은 없었고 제가 뭘 배우고 있는지, 앞으로 뭘 배울 것인지 미리 알 수 있도록 선생님들이 1년치 수업 계획표, 교과서, 참고 서적을 제공해주셨어요. 학교도 걸어서 5분 거리였어요. 공립 중학교 8학년의 마지막 봄 학기에 입학해 레벨 테스트를 거쳐 10학년 수학 수업을 들었어요. 그리고 바로 옆 공립 고등학교로 진학해 또

레벨 테스트를 통해 11학년 수학 수업인 대수학과 삼각법을 배웠어요.

저는 민사고에 가고 싶어서 뉴질랜드와 미국에서 한국 수학도 공부하고 있었어요. 미국 9학년에 진학할 때 한국 수학책 기준으로 수학 I을 배웠는데, 열심히 준비했다고 생각했지만 민사고를 지원한 첫해에는 불합격했어요. 하지만 포기하지 않고 비자를 연장해 9학년을 마치는 이듬해 6월까지 미국에 머물며 공부하고 재지원했어요.

우리나라와 다르게 미국은 학기 시작이 9월이다 보니, 해외에서 일정 기간 이상 체류한 후 귀국하면 학기가 겹칩니다. 따라서 귀국할 때는 보통 학년을 낮춰서 진학하지요. 뉴질랜드 1년, 미국 1년 반, 도합 2년 반 동안 해외에 체류해서 학년을 낮춰 지원하다 보니, 민사고에 두 번째 지원도 할 수 있었나 봅니다.

민사고 이외에 미국의 보딩스쿨로 진학하는 것도 고민해보았어요. 실제로 면접도 갔지만, 가족이 모두 한국으로 돌아간 후 혼자 미국에 남을 자신이 없었어요. 결국 2004년 9학년을 마치고 가족과 함께 귀국했어요. 귀국 후 민사고 시험을 준비하고 있었는데, 대원외고에서 교장이셨던 선생님과 민사고 교감 선생님이셨던 분, 그리고 실력과 열정이 있는 선생님들이 모여 외고를 설립한다는 소식을 들었어요. 여러모로 고민하다가 새로운 학교에 지원하기로 마음먹었어요.

그해 민사고 입학 시험은 상상 이상으로 어려웠고, 결국 또 불합격했지요. 하지만 포기하지 않고 새로운 학교의 시험과 면접을 준비했어요. 용인외고에 영어 우수자 전형으로 지원하여 한국외국어대학교 용인캠퍼스의 넓은 강의실에서 수학 문제를 풀고 영어 에세이를 썼는데, 어찌나 춥던지 손을 덜덜 떨면서 시험을 본 기억이 나요. 수학 문제를 푼 후 면접관에게 문제를 풀어낸 방법을 설명하고 몇 가지 인적 사항에 대해 묻고 답했는데, 다양한 문화권에서 열심히 공부하려고 노력했고 다양한 언어를 익히려고 꾸준히 노력한 것을 좋게 봐주신 것 같았어요. 곧 합격 소식을 들었지요.

용인외대부고가 개교하고 1기로 학교에 들어온 민주는 아직 창문도 달리지 않은 미완성의 학교에 입학하며 정말 괜찮은 걸까 내심 걱정되었다고 합니다. 학교 공사 소리를 3년 내내 들으며 공부했고, 새로 지은 학교 건물과 기숙사에서 생활하다 보니 피부병도 생겼대요. 막 개교한 학교이다 보니 커리큘럼도, 운영 방침도 수시로 바뀌었고, 많은 선생님이 떠나가고 새로 부임하길 반복한 것도 힘들었다고 합니다.

집을 떠나 기숙사 생활을 처음 하면서 전반적인 생활과 상황이 혼란스러웠어요. 총체적 난국으로 1학년 때는 좋지 못한 성적을 받았어요. 고등학교 입시를 위해 주입식으로 머리에 욱여넣었던 수학 선행학습도 아무 소용이 없었어요. 머리 좋고 열심히 하는 학생들만 모아놓은 학교에서 중학교 때 공부 좀 했었다고 명함도 내밀 수 없었지요. 수학 머리가 별로 없었는데도 수포자가 되지 않을 수 있었던 건 수학 담당 선생님이 늘 수업 내용이 어떤지 물어보고 피드백을 반영해주셨기 때문이라고 생각해요. 학생들 개개인에 맞춰 우열반을 나눌 수 있는 상황이 아니었지만, 대다수의 학생들이 따라올 수 있도록 준비하고 수업을 진행해주셨던 게 기억나요.

또 일과 후와 방학 중에 꾸준히 보충수업을 해주신 것도 정말 큰 도움이 되었어요. 선생님들도 학생들 지도에 정말 많이 신경을 써주셨어요. 선생님들이 노력해주시는 만큼 저도 점차 학교 생활에 적응해나갔고, 다행히 졸업할 때까지 성적이 계속 올랐어요. 특히 고등학교 3학년 때 증축된 기숙사 꼭대기에 독서실이 개방되었는데, 저는 사방이 막혀 있고 조용한 공간에서 집중을 잘하기 때문에 이 공간이 저에게 정말 잘 맞았어요. 제가 인생에서 가장 열심히 공부했던 시기가 이 1년이었다고 생각해요.

미국에서 지내면서 아이비리그에 가서 공부하고 싶다는 목표가 생겼어요. 그래서 스터디 플래너를 활용하여 시간을 효율적으로 쓰려고 노력했고, 나만의 독서실을 활용하여 열심히 공부했어요. 제가 공부하도록 했던 것은 스스로 세운 목표였어요. 그리고 그 목표를 은근슬쩍 제 인생에 넣어주신 분은 사랑하는 제 부모님인 것 같아요. 공부하라고 강요하신 것이 아니라 스스로 목표를 가질 수 있는 환경에 저를 던져주신 것이죠.

감사하게도 부모님은 저에게 좋은 학교나 높은 성적을 단 한 번도 강요하지 않으셨어요. 방학마다 저를 데리고 여행을 가주셨고, 그림 그리는 것을 좋아했던 저의 재능을 살려주기 위해 늘 지원해주셨어요. 공부하는 모습보다 캔버스를 펼쳐놓고 그림을 그리고 있거나 바이올린 연주를 하는 모습을 오히려 더 좋아하고 응원해주셨어요. 고등학교 방학 때는 학교와 협력 프로그램을 통해 아프리카에 의료 봉사를 다녀올 수 있는 기회도 주셨고, 킬리만자로 등반 프로그램도 경험하게 해주셨어요. 신문과 소설책을 많이 읽게 해주셨고, 만화와 영화 비디오도 원 없이 보게 해주셨고, 요리를 많이 해볼 수 있게 해주셨죠. 집 앞 공원과 뒷동산에 야생동물과 꽃을 보러 몇 시간씩 휘젓고 와서 무용담을 늘어놓아도 즐겁게 들어주셨고 반려동물들과 식물도 기르게 해주셨어요. 경험할 거리를 가져와서 제가 좋아할지 먼저 보여주시고, 좋아한다면 기꺼이 하게 해주셨어요.

고등학교 3학년이 끝나갈 무렵 대학에 원서 접수를 마무리하면서 당시에 담임선생님께서 "민주는 앞으로 참 풍요로운 삶을 살 것 같아"라고 말해주셨어요. 선생님들로부터 들어본 말씀 중 제일 기뻤어요. 제게서 다채로운 무언가를 봐주셨던 것 같아요. 그래서 성인이 되어 인생과 일에 대한 나의 가치관을 돌아볼 때마다 좁은 시야에 머물러 있지 않고 새롭고 다양성을 향하며 공익을 위하고 있는지 살폈지요.

1기 학생으로 입학해 많은 시행착오를 겪었지만 1기로 부임하신 선생님들도 큰 열정과 애정을 가지고 저희들을 이끌어주셨던 것을 생생히 기억하고 있어요. 좋은 교육을 받게 해주려 노력하신 부모님 덕분에 좋은 학교에서 좋은 선생님들을 만날 수 있었다고 생각해요. 저도 제 아이에게도 그런 부모가 되어주고 싶고, 제 아이가 멋진 선생님을 만날 수 있기를 소망해요.

지금 보니까 민주는 정말로 풍요로운 삶을 살고 있네요. 치과 의사로도, 멋진 미술 작가로도 살고 있으니까요. 바이올리니스트로도 살고 있고, 모바일 게임회사의 창업자로도 살고 있지요. 한 사람이 이걸 다 할 수 있다니, 나에게도 꾸준히 도전하고 싶다는 영감을 주는 것 같습니다. 민주가 전시회에서 보여줬던 많은 그림 중에서 어린 시절 강변의 풍경을 그린 그림이 기억에 남습니다. 그날의 풍경과 아름다운 기억들이 지금의 민주를 만들었구나 하는 생각이 들었거든요. 그래서인지 아들딸을 키우고 있는 지금, 내 아들딸에게 어떤 풍경을 보여줘야 할지 고민하게 됩니다.

제가 전공한 생물학이나 미술이나 치의학은 수학을 직접 활용하는 학문은 아니었어요. 사실 저에게 있어 수학은 암기 과목이었어요. 수학에 재능이 없었고 시험을 잘 보기 위해 문제 푸는 방법을 열심히 외워서 시험을 본 후 잊어버렸기 때문에 진짜 수학 공부는 하지 않았다고 생각해요. 다행히도 제 전공은 수학적 재능을 크게 필요로 하지 않았어요.

하지만 대학교와 대학원 친구들 중 수학의 기본기가 탄탄한 경우 어떤 분야를 공부하거나 일을 하든 굉장한 장점이 된다는 것을 느꼈어요. 수학적 재능이 있는 사람들 중 물리나 경제학처럼 수학을 토대로 한 학문 말고 법학, 역사, 작곡 전공을 하던 친구들이 있었는데, 사고회로 자체가 훨씬 논리적이고 이성적이었어요. 대화를 나눌 때 다각도로 문제를 분석해서 중립적이면서도 다양한 아이디어를 제시하는 것을 보며 세련되면서도 창의적이라는 느낌도 받았어요. 많은 동서양의 철학자들이 수학자이자 예술가이기도 했던 것은 우연이 아니라고 생각해요.

최근에는 앱을 개발하거나 게임을 만드는 데 수학이 정말 필요하다는 것을 깨달았어요. 코딩을 잘하는 사람들은 수학을 잘하는 사람들이거든요. 결국 논리적인 사고와 결정이 필요하기 때문이죠. 같은 일을 수행하기 위해 어떤 사람은 1,000줄이 넘어가는 코드를 짜는 동안 수학을 잘하는 사람은 훨씬 짧고 간단명료하게 만들어내요. 수학을 잘하는 사람은 간단하게 문제를 풀어내는 데 비해, 못하는 사람은 자신이 아는 모든 수식을 다 꺼내어 빙빙 돌기만 하는 거죠.

또 서비스나 게임 아이템, 난이도를 출시했을 때 나타날 결과에 대한 이용자의 반응, 시장의 반응을 계산해야 하는데, 이때 수학 잘하는 사람이 꼭 필요해요. AI가 점점 더 많은 분야에 접목되면 수학을 잘하는 사람에 대한 수요는 더 늘어날 것이라고 느꼈어요. 신경망을 구축하고 학습을 시키려면 결국 수학이 필요하기 때문이지요. 어릴 때부터 학교 성적보다는 수학을 통해 논리적인 사고회로를 키우는 데 초점을 맞춰야 한다고 생각해요. 학교에서는 수학 문제를 보여주고 풀어주는 데 그치지 않고 지금 배우는 수학이 우리 생활 어느 분야에 어떻게 응용될 수 있는지 설명해주며 이해와 사고의 확장을 이끌어내면 좋겠어요.

05

자유롭게, 하지만 성실하게

라이스 대학교 이선교

선교는 라이스 대학교(Rice University)에서 역사를 전공했어요. 한국으로 돌아와 삼성전자 HP를 거쳐 지금은 에듀테크 스타트업인 링글에서 일하고 있어요. B2B 세일즈(기업 간 거래 업무)와 PR 업무를 맡고 있다고 하네요. 선교는 정말 눈이 초롱초롱하고, 늘 생기 있고 성실한 태도로 공부하던 학생이었어요. 그래서 졸업하고 오랜 시간이 흘렀어도 선명하게 기억해요.

학창 시절에는 하고 싶은 공부 마음껏 해보기와 기본기 제대로 갖추기를 목표로 삼아 공부하기를 추천합니다.

초중고 및 대학교에서 졸업 후 어떤 일을 하든 유용하게 쓸 기본 교양(예를 들어 비판적, 분석적 사고력과 효과적인 소통 능력)을 잘 쌓고, 그 외에는 내가 하고 싶은 공부와 교과 외 활동을 충분히 해보는 것이 좋다고 생각합니다. 시험과 과제에 허덕이는 학생이 공감하기는 어려울 수 있지만, 학창 시절은 부모님, 학교, 사회의 지원과 허용 아래 여러 가지로 마음껏 도전해볼 수 있는 시기이기 때문입니다.

어린 학생들은 모르겠지만 나이를 먹으면 꽤 많은 사람이 공감하고 깨닫는 것이 하나 있어요. 학창 시절만큼 다른 걱정을 뒤로하고 오로지 학업에 정진할 수 있는 시기는 없다는 것이죠. 그런데 자신이 좋아하는 것에만 몰두해서 스펙이 부족해지면 문제가 되지는 않을까요?

학창 시절을 돌이켜보면, 한국의 모범생들이 빼먹지 않는 선행학습도 꽤 했고 시험 공부도 많이 했지만, 제가 하고 싶은 공부를 찾아 열심히 도전하기도 했고 그 경험은 소중한 추억과 삶의 자양분이 되었습니다. 고등학교 시절에는 영문학 선생님이 지도하는 토론식 수업을 통해 영문학의 매력에 빠져 AP 영문학 과정이 있는 학원을 찾아 주말마다 편도 한 시간 반씩 버스를 타고 가서 수업을 듣기도 했어요.

대학생일 때는 미술과 영문학을 접목한 평론 수업에서 감명받아 학교 근처 미술관을 드나들거나 예술 영화 컬렉션을 보고 에세이를 쓰며 시간을 보내기도 했습니다. 교수님의 추천으로 수강한 문예창작 수업에서 수필 작가의 꿈을 꾸기도 했고, 소설 창작 수업에서 내 창의력과 상상력의 한계를 깨닫기도 했습니다. 이 밖에도 죽음에 대한 철학, 현대 여성사, 아프리카계 미국인 민권운동 역사, 감정의 역사와 같은 인문학 수업을 수강하며 인류 역사와 사고방식의 변화에 대해 읽고 논하며 시야를 넓히기도 했습니다. 대학 시절 이것저것 공부하며 습득했던 인문학 지식이 현재 하고 있는 B2B 세일즈와 PR 일에 직접적으로 도움이 되지는 않지만, 흥미 있는 분야를 마음껏 탐색하며 설레었던 경험은 가슴 부풀게 행복했던 추억으로 남아 있습니다.

배우고 싶은 것을 마음껏 배워보며 시야가 넓어지는 기쁨도 느끼고, 내 지적 능력에 대해 좌절도 해보고, 또 털고 일어나 새로운 것을 마주하며 설렘을 느끼는 자유는 경제적인 대가를 받는 만큼 하루 최소 8시간은 회사 업무에 몰두해야 하는 직장인의 삶을 살면 다시 누리기 어렵습니다. 체력이나 시간도 부족하고, 비슷한 관심사를 가진 또래나 좋은 안내자가 되어줄 선생님을 만나기도 쉽지 않거든요.

인문학이나 순수과학 또는 본인이 좋아하는 다른 분야에 빠져 시간을 허비하면 취업이나 진로에 대한 준비는 충분히 못 하는 게 아닌가 걱정할 수 있습니다. 어느 정도는 타당한 우려입니다. 취업하려면 이력서도 쓰고 인터뷰 연습도 하느라 바쁘고, 학교에서의 경험과 역량이 어떻게 회사나 대학원 공부에 도움이 될지 설득할 수 있어야 하기 때문입니다. 이를 위해 저는 관심사를 탐색하는 동시에 교육부와 대학교에서 만들어놓은 필수 교과 과정을 성실하게 이수하며 탄탄한 기본기를 갖추기를 추천합니다. 성실하게 진지한 마음으로 필수 교과 과정을 밟으면, 분석적, 논리적 사고와 글쓰기, 토론, 발표 능력 및 협업 능력을 비롯한 인생의 다음 단계에서 필요한 기본기를 자연스럽게 기를 수 있다고 생각합니다.

자신이 좋아하는 분야를 마음껏 탐색한 사람은 사회에서 높이 평가받는 스펙을 많이 갖춘 사람보다 독보적이고 매력적인 인재로 돋보일 수 있다고 생각합니다. 나만의 여정, 나만의 스토리가 있기 때문입니다. "저는 A가 궁금해 그것을 깊이 탐색했고, 그 경험에서 B를 배웠으며, 앞으로 C를 해보고 싶다고 느꼈습니다. 동시에 저는 다음 도전을 잘하기 위한 충분한 기본기를 갖췄습니다"라고 이야기할 수 있도록 자유롭지만 성실하게 학창 시절을 보내기를 추천합니다.

이렇듯 자신이 무엇을 원하는지를 알고 확고한 자기 믿음이 있는 훌륭한 인재가 되는 것이 중요합니다. 세상이 원하는 스펙을 쌓기보다는 자신이 원하는 지식을 쌓는 것을 당연히 우선해야 하죠. 공부를 한다는 것은 세상의 기준에 나를 맞추는 것이 아니라, 나라는 존재를 빛나게 만들기 위한 것이라는 당연한 이치를 다시금 깨닫게 되네요.

얼핏 보면 수학이 하나도 쓰이지 않을 것 같은 B2B 세일즈 직무에도 제품의 가격을 결정하고 고객의 구매 패턴을 분석하는 등 논리적이고 수학적인 사고가 필요할 때가 많습니다. 하나의 서비스를 여러 형태의 상품으로 만들어 파는 경우에 고객의 입장에서 납득할 수 있고 회사 입장에서는 충분한 이익이 나는 가격을 정해야 합니다. 예를 들어, 같은 상품이라 해도 일반 고객 한 사람을 위한 판매가와 다수의 이용자를 위해 기업 구매팀에서 일괄 구매하는 경우에 가격이 달라야 합니다. 또 일괄 구매 기업 상품 중에서도 구매 규모에 따라 할인율이 달라져야 하고, 이용자 수가 확실히 정해져 있지 않은 경우를 위한 상품을 기획할 수도 있습니다. 논리적으로, 수학적으로 사고할 수 있는 사람이 이런 일을 잘할 수 있겠지요.

고객의 구매 패턴을 분석할 때도 수학이 필요하죠. 예를 들어, 최근 진행한 선물 증정 이벤트의 결과로 구매가 얼마나 증가했는지, 이는 유의미한 증가인지, 또는 통계적 의미가 없거나 인과관계가 불분명한지 등을 파악하고 인사이트를 도출하기 위해서는 수학적, 논리적 사고가 필요합니다.

자유롭게, 하지만 성실하게. 정말 와닿는 삶의 자세라고 생각합니다. 그리고 선교가 해준 말이기에 더 공감할 수 있습니다. 고등학생이던 선교가 공부하던 모습과 훌쩍 커버린 지금 살아가는 모습이 한결같이 자유롭고 성실하기 때문입니다. 자신의 삶에 성실한 사람이라면 분명 진지하게 공부에 임할 것이라 생각합니다.

06

어떻게 문학 소녀는 IT 개발자가 되었는가?

이화여자대학교 서이레

이레는 이화여대 국제학부에서 공부했어요. 스크랜튼 과정에서 통합적 문화 연구를 복수 전공했습니다. 이후에는 서울대학교 인지과학협동과정에서 석사를 마치고 현재는 Ground X라는 블록체인 플랫폼을 개발하는 회사에서 프론트엔드를 개발하는 업무를 하고 있어요.

월요일에는 8시 55분에 알람이 울려요. 9시 출근이니 지금은 일어나야 하거든요. 만성 안구 건조증 때문에 겨우 눈을 뜨고 부스스 일어나서, 컴퓨터 전원을 켜고 멍하니 주위를 둘러보죠. 이 시간에 아직도 집에서 잠옷 차림으로 앉아 있다니. 코로나 때문이라지만 재택근무는 정말 꿀인 것 같아요.

중고등학교 때 저는 문학소녀로 불렸어요. 항상 소설을 읽었고, 시나리오 작가를 꿈꿀 만큼 현재의 직장과는 거리가 멀었지요. 그런 제가 블록체인 회사의 개발자가 되었지만, 너무나 만족스러운 직장 생활을 하고 있어요. 인정하기에는 쑥스럽지만, 여기까지 올 수 있었던 것은 공부의 엔진을 갈고닦았기 때문인 것 같아요.

이레가 IT 분야 개발자가 되었다는 것이 지금도 믿어지지 않습니다. 물론 성실하고 총명한 학생이었지만, 자연과학보다는 사회과학 또는 문학 쪽에서 더 빛나는 학생이었거든요. 그런데 어느 날 갑자기 문학 소녀가 개발자가 되어서 나타난 거예요.

초중고 12년, 대학 4년에 대학원 2년, 그리고 부트캠프 3개월까지, 저는 인생의 절반 이상을 저에게 맞는 공부 방법을 찾느라 보냈어요. 어머니로부터 "대학만 가면 하고 싶은 것은 무엇이든 다 할 수 있다"는 말을 들었는데, 당시에는 "공부랑 관련 없는 것은 대학 갈 때까지 꾹 참으렴"이라고만 들려 반항심으로 가득 찼던 것 같아요. 그랬다가 뒤늦게 28살에야 미국으로 3개월짜리 개발자 부트캠프를 다녀오며, 결국에는 그 말이 공부하는 방법을 터득하라는 뜻임을 깨달았어요.

초등학교를 졸업하고 중학교에 처음 입학했을 때, 처음으로 공부에 대한 부담을 느꼈어요. 수업 시간에 선생님이 강조하시는 부분을 선택적으로 필기했고, 그 내용을 노트에 예쁘게 정리해 시험 전에 2번 정도 완독하는 것으로 공부를 시작했어요. 중학교까지는 그 정도 노력으로 상위권 성적을 거뒀어요. 친구들과 모여 색색의 펜으로 반 접은 노트를 예쁘게 채워가는 것이 공부인 줄 알았고, 다행히 성적도 잘 나왔고요.

그런데 고등학교에 가서는 배워야 할 양이 갑자기 많아지더니, 기간 내에 시험 범위를 예쁘게 정리하는 것 자체가 불가능해졌어요. 설령 노트 정리를 완료했다고 해도 노트를 눈으로 완독하는 것만으로는 성적이 나오지 않았어요. 정말 당황스러웠어요. 저는 제 공부법이 무적이라고 생각했거든요.

좌절의 중간고사를 보내고 기말을 준비할 때, 옆자리 친구가 어떻게 공부하는지 유심히 관찰해보았어요. 그 친구는 자습 시간에 수도 없이 입으로 중얼거리며 공부했어요. 나중에 인지과학을 배우며 알게 된 사실이지만, 오감을 사용해서 학습하는 것이 눈으로 학습하는 것보다 효과가 높다고 해요. 흔하게 휴대폰 인증번호 등을 단시간에 외워야 할 때도 이렇게 하지요. 인증번호를 소리 내서 한 번 읽기만 해도, 노트북에 입력할 때까지 숫자를 기억할 수 있어요.

눈으로만 보지 않고 소리 내서 한 번만이라도 말하면 확실히 기억하고 입력할 수 있지요. 정말 간단한 원리인데 그게 학습의 기본 원리였다니요.

처음에는 소리 내서 공부하는 것이 왠지 모르게 창피해서 도입하는 데까지는 시간이 조금 걸렸어요. 하지만 상황이 절실해지니 이 방법을 사용했어요. 체력은 확실히 더 들었지만, 공부 몰입도는 높아지는 것 같았어요.

또 어느 날은 친구가 같이 공부하자며 서로 퀴즈를 내주자고 제안했어요. 그런데 저는 친구가 내는 문제들을 하나도 답하지 못했어요. 그때 깨달은 것이 하나 있었어요. 어떤 문제에 대한 답을 알고 있는지 확인하는 공부 과정이 빠져 있었다는 것이었어요. 결국 하나도 제대로 답하지 못한 채, 공부를 다시 하고 오겠다고 씁쓸하게 말하고는 다시 구석에서 소리 내서 공부를 시작했지요.

아무리 성실하게 공부해도, 시험 범위가 너무 많다고 느껴질 때가 많았어요. 대학과 대학원에 가니 영어 원서로 된 두꺼운 책의 4분의 1이 시험 범위로 나오는 등, 공부해야 할 범위가 기하급수적으로 늘더라구요. 그때 도움이 된 것은 다름 아닌 마음 정리였어요. 먼저 제가 봐야 하는 전체 범위를 확인했어요. 그런 다음, 시험 공부를 뒤늦게 시작했거나, 주어진 공부 시간에 딴짓을 했거나 등으로 인해 전체 범위를 제대로 살펴보지 못한 것을 마음속으로 인정하는 시간을 가졌어요.

그리고 주어진 상황에서 도박을 걸었지요. 선생님이 언급한 개념의 우선순위를 정하고, 우선순위가 높은 것부터 시간이 허락되는 대로 공부하는 것이었어요. 하나만 제대로 이해해도 나머지 개념에 대한 이해가 따라오곤 했어요. 만약 제가 보지 못한 부분이 시험에 나오면 제 집중력 자원이 부족했던 것을 인정했어요. 어떤 날은 운이 좋아 성적이 좋게 나왔고, 어떤 날은 좋지 않은 성적을 보며 괴로워했죠.

12년의 한국 초중고 교육 과정과 6년의 대학, 대학원 교육을 통해 새로운 개념을 정리하고 이해, 암기, 및 범위를 타협하는 과정을 배웠어요. 그리고 대학원 졸업과 동시에 다시는 공부하지 않으리라 다짐했지요.

이레는 학교 다닐 때부터 선생님들에게도, 주변 학생들에게도 선하고 온화한 이미지였어요. 자신의 공부법을 도박이라고 생각하는 것 같은데, 내가 볼 땐 지극히 합리적인 방법인 것 같아요. 인생을 살다 보면 우리의 역량을 훌쩍 넘어가는 시험이나 과제를 만나곤 하는데, 그런 상황이라면 누구나 이레처럼 공부했을 거예요. 그러니 평소에 꾸준히 성실했던 것이 이레의 성공의 비결이 아닐까 싶습니다.

다시는 공부하지 않겠다고 다짐했었다니, 18년간 공부하면서 얼마나 고생했는지 눈에 보이는 것 같네요. 나도 대학을 졸업하고 입대하면서 이제는 공부 안 해도 되는 곳에 가니까 그것은 좋다고 생각했던 기억이 납니다. 그런데 육군 포병학교에 들어가서 군대에서도 결국 다시 공부해야 했지요.

대학원 인공지능 스터디를 통해 선배의 스타트업에서 머신러닝 개발자로 일한 지 2년이 되었을 때, 저는 인공지능 개발에서 벗어나고 싶다는 생각이 간절해졌어요. 당시에 떠오르는 분야였고 적용할 곳이 무궁무진한 매력적인 분야로 너도나도 인공지능 개발자가 되려고 몰려들었지만, 수학이 약했던 저에게는 매일매일이 너무나 부담스러웠어요.

인공지능은 무수한 데이터를 어떤 통계에 기반해 처리하는가가 관건인데, 어떤 통계 방법에 따라 처리할지는 결국 수학으로 귀결되었어요. 수학을 늘 어려워했던 기억에 저는 이 분야에 남아 있을 용기가 없었어요. 대신 웹 개발로 전향하려 했지요. 그런데 저는 웹 개발에 대해서도 제대로 알지 못했어요.

당시에는 유튜브 강의나 국내의 부트캠프도 지금처럼은 많지 않았어요. 그래서 저는 미국의 부트캠프에 가기로 마음을 먹었어요. 그동안 일해서 모은 돈을 들고 텍사스로 향했고, 3개월 동안 주 6일, 오전 9시부터 오후 9시까지 개발자를 양성하는 과정에 들어갔어요. 다시는 공부를 하지 않겠다고 다짐했지만, 아이러니하게도 하루 종일 공부만 하는 곳에 들어간 거예요. 그렇게 저는 다시 노트를 집어 들고, 제가 알고 있는 모든 공부법을 총동원해 공부를 이어갔어요.

온종일 외계어가 귀에 꽂혔어요. 하루라도 배운 것을 소화하지 못하면 주말이 되었을 때는 공부해야 할 것이 기하급수적으로 쌓여서 항상 긴장해야 했어요. 그렇게 열심히 노력하고도 매일 테스트에서 중간 정도의 성적이었어요. 텍사스까지 날아와 실패자로 돌아가는 것은 아닌지, 눈물이 날 때도 있었어요.

어느 날 상담 선생님이 따로 불러 어떻게 지내냐고 물었어요. 그 말에 눈물이 와락 쏟아졌어요. 코를 훌쩍이며 내가 잘하고 있는지 모르겠다, 내 능력을 최대치로 쏟아 하고 있는 것 같은데, 나는 안 되는 사람인가 보다며 하소연했어요. 그러자 그 선생님이 휴지를 건네며 위로해주었어요.

"지금 매일 이뤄지는 이 테스트 결과만 보고 당신이 개발자가 안 될 것 같다고 생각하지 말아요. 이 기간 내로 반드시 완성형 개발자가 되어야 한다는 강박도 버리세요. 3개월이라는 시간은 프로그램 운영의 편의성을 위해 정한 기간이지, 절대적으로 이 시간 안에 못 마친다고 해서 개발자가 못 되는 것이 아니거든요. 결국 앞으로 개발이라는 일을 하고 싶고 해낼 수 있는지가 관건인데요, 이건 포기하지 않고 버티는 사람이 이기는 경기예요. 테스트를 시간 안에 해결하지 못하더라도, 집에 가서 충분한 시간을 가지고 풀어보면 결국에는 해낼 수 있을 거예요. 스스로가 해낼 수 있다는 것을 깨닫는 과정이 이 프로그램에서 가장 중요한 점이에요."

이레에게 그 시간은 포기하지 않는 법을 배우는 시간이었나 봐요. 진정으로 중요한 것은 얼마나 점수를 잘 받느냐가 아니라, 이해하기를 포기하지 않는 마음가짐입니다.

그 상담 후로 저는 조금씩 바뀌기 시작했어요. 테스트를 시간 내에 풀기보다는 이 문제를 풀기 위해서는 어디부터 시작해야 할지 찾기 시작했어요. 결국 저는 상위권으로 부트캠프를 졸업했고, 한국에 돌아와서 바로 웹 개발자로 취직했어요.

주변에서는 "공부하던 가락이 있어 잘 해냈나 보다"라고 말했어요. 맞는 말이에요. 주변 사람들의 말처럼, 그동안 한국 교육 과정에서는 공부의 엔진을 훈련했기 때문에 28살에도 새로운 분야를 배우는 것이 다른 사람들보다 수월했을 거예요. 하지만 그것은 반쪽짜리 분석이라고 생각해요. 부트캠프를 통해 새롭게 배운 점이 있어요. 한국 교육 과정에서는 경험하지 못했던 것인데, 결국 포기하지 않고 기어코 성공하는 경험이 자신에 대한 믿음을 쌓고, 그것이 공부 엔진의 강력한 연료가 된다는 것이죠.

인공지능 개발자라는 길을 빠르게 포기한 것은, 학창 시절에 수학을 해낼 수 있다는 경험을 만들어내지 못했기 때문이라는 생각이 들었어요. 세상에 못 할 것은 없어요. 다만 포기하는 일만 있을 뿐. 지금 공부하는 동생들에게 이런 말을 해주고 싶어요. 주어진 시간에 풀어내야 하는 시험에 스스로를 묶어두기보다는, 공부를 통해 내가 결국에는 해낼 수 있는 사람이라는, 스스로에 대한 신뢰를 쌓아가는 경험을 해봤으면 좋겠다고요. 이 기본기가 영문학도에서 개발자로, 미술에서 벤처 투자자로, 무엇이든 할 수 있는 인생을 살 수 있게 할 거예요.

07

의존하지 않고 스스로 공부하는 방법

펜실베이니아 대학교 김진아

진아는 생물학, 의학에 관심이 많은 학생이었어요. 그리고 수학에서 선행학습을 거의 하지 않고 학교 수업을 통해 모든 것을 배우고 공부한 학생이었지요. 늘 적극적으로 수업에 참여하며 공부했고, 질문도 많았어요. 상당히 엉성한 질문과 정말 날카로운 질문을 동시에 들고 오는 독특한 매력이 있었던 것으로 기억합니다.

진아는 펜실베이니아 대학교(University of Pennsylvania)에서 생물학을 전공한 후, 한국으로 돌아와 연세대학교 의학전문대학원에서 공부했고, 지금은 세브란스병원 방사선종양학과 전문의로 일하고 있어요.

중학생 때에는 전교 10등 안에 들었고 동네에서는 공부 꽤 잘하는 아이로 통했어요. 하지만 외고에 가니 상황이 많이 달라졌어요. 전국 각지에서 공부를 잘하는 친구들이 모여 있는 곳이었죠. 입학하자마자 처음 본 시험을 통해 공부를 잘하는 아이, 못 하는 아이로 다시 줄이 세워졌어요. 그리고 이미 외고를 졸업한 형이나 언니가 있어 정보력이 있거나 적극적인 학부모님들이 앞장서서 입학 시험을 잘 본 친구들과 과외 팀을 구성하더라고요. 중학교 때부터 입시학원을 같이 다니며 친해진 친구들도 팀을 구성하고요.

당시에 이도 저도 아닌 어중간한 상태에 있던 저는 주변 친구들에게 나도 같이 과외를 할 수 있는지 물어보았어요. 하지만 돌아오는 대답은 "자리가 다 차서 곤란하다"는 것이었어요. 고등학교 초반부터 딸이 뒤처질까 봐 속이 탔던 어머니가 이미 팀을 구성한 친구들 부모님께 전화를 드려, 과외 팀은 따로 꾸릴 테니 강사 연락처를 알려달라고 부탁드렸지만, 그것 또한 알려줄 수 없다는 대답만 돌아왔다고 해요.

중학생 때는 나름 상위권이었는데, 마음에 상처도 많이 받고 괜히 외고에 진학했다고 후회도 많이 했어요. 고등학교 2학년이 되니 경쟁은 더욱 치열해졌어요. 이름 있는 스타 강사에게 고액 과외를 받는 팀도 있었고, 학교에서 강의하셨던 선생님을 고용한 팀도 있었어요. 하지만 우수한 강사의 족집게 강의는 일시적인 반짝 효과일 뿐이고, 결국 공부는 자신과의 싸움이라는 믿음이 생겼어요.

사교육 시장이 크고 치열하다는 것은 어느 정도 알고 있었지만, 진아의 이야기를 들으니 더 실감나기도 하고 안타깝기도 했어요. 그래도 진아가 공부는 자기 자신과의 싸움이라는 중요한 사실을 빨리 깨달아서 다행이었어요.

제가 고1 때 특히 어려워했던 과목은 화학이었어요. 원리를 이해해야 하는 학문인데, 화학식 몇 개만 암기하려 했던 것이 불찰이었어요. 중간고사 때 쓴맛을 본 이후, 다른 과목보다 시간을 더 많이 투자하여 기말고사 준비를 했어요. 교과서에 있는 연습 문제를 하나하나 공책에 직접 풀어보았고, 단순히 답만 맞히면 변형 문제가 나오면 못 풀 것이 뻔하여 답안지를 옆에 두고 풀이 과정 한 줄 한 줄을 맞춰보았던 기억이 나요. 그렇게 공부를 했던 것은 풀이 과정 한 줄 한 줄마다 점수를 매기는 AP 시험 주관식 문제를 대비하는 데도 큰 도움이 되었어요.

그렇게 한 과목을 해결하고 나니 다시 공부에 자신감이 생겼어요. 다니던 학원을 정리하고 스스로 공부하는 시간을 많이 확보했어요. 연습 문제를 많이 풀기보다는 한 문제를 풀어도 풀이 과정 전체가 논리적으로 납득될 때까지 공부했고, 복습을 통해 제 것으로 만들려고 노력했어요. 물론 예습까지 했다면 더 좋았겠지만, 현실적으로 예습과 복습을 다 하기에는 시간이 부족했어요. 저는 개인적으로는 복습을 더욱 중요하게 생각했어요. 학교 수업을 통해 기본 원리를 처음으로 배웠고, 그때그때 과목 선생님에게 질문해서 문제를 해결했어요. 그래도 어려운 경우에는 학원이나 과외를 통해 도움을 받았어요. 특히 기출 문제 풀이에서 도움을 많이 받았던 기억이 나요.

대한민국 사교육의 가장 큰 부분이 선행학습이지요. 불안하니까 빨리 출발해보자는 마음이겠지만, 얼마나 빨리 출발하느냐와 얼마나 제대로 이해하며 공부하느냐는 별개의 문제입니다. 오히려 가끔은 너무 빨리 출발해서 역효과가 나는 경우도 있으니까요. 진아는 무작정 빨리 가기보다는 학교에서 배운 내용을 제대로 복습해서 이해하며 '온전하게 제대로 따라가기'를 선택했어요. 진심으로 열심히 공부할 준비가 된 학생이라면 그렇게 공부해도 절대로 늦지 않다고 생각합니다.

고등학교를 졸업한 지도 어언 15년이 지났어요. 아직 인생의 성패를 가늠하기에는 살아온 날이 짧고, 또 애초에 성공과 실패를 어떻게 정의해야 하는 지도 잘 모르겠어요. 유명한 스타 강사에게 고액 과외를 받은 친구들이 모두 자신이 꿈꾸던 대학교에 간 것은 아니었어요. 여러 가지 이유로 사교육의 도움을 받지 못한 친구들이 훗날 취직을 못해 전전긍긍하고 있는 경우도 없었고요.

저는 친구들이 과외 선생님 연락처를 알려주지 않아 속이 상했는데, 저의 어머니는 친구들 부모님에게 제가 다니는 학원이며 강사님 연락처를 다 알려주어 속상했던 적도 있어요. 속도 없냐며 싸운 적도 있었어요. 하지만 지나고 나서 생각해보니, 어머니는 이미 그런 것은 별로 중요치 않고 결국 스스로 공부하는 방법을 터득해야 헤쳐나갈 수 있다는 것을 알고 계셨던 것 같아요.

진아의 부모님과 상담하면서 비슷한 느낌을 받았는데, 어머님과 아버님이 모두 어떻게 공부하는 것이 중요한 것인지에 대해 제대로 알고 계셨어요. 아마 부모님들도 그렇게 공부하셨던 것 같더라고요.

저는 현재 방사선종양학과 의사로 일하고 있어요. 의학에는 무수히 많은 세부 분과가 있는데, 그중에서도 수학과 연관이 깊은 과가 방사선종양학과이지 않을까 싶어요. 방사선종양학과는 암 환자를 치료하는 3대 방법 중에 방사선 치료를 시행하는 과입니다.

방사선 치료를 하려면 방사선종양학과 의사가 환자의 CT, MRI와 같은 영상을 보고 어느 부위에 얼마만큼의 선량을 처방할지 결정해야 하는데, 이때 방사선 치료 효과를 예측하는 데 LQ 모델(linear quadratic, 선형 2차)이 기반이 됩니다. 또한 다른 선량이 인체에 미치는 영향을 비교하기 위해서는 BED(biological effective dose, 생물학적 유효 선량)를 공식에 따라 계산해야 합니다. 종양과 주변의 정상 장기가 받는 방사선량을 그래프로 표현한 DVH(dose volume histogram, 선량 체적 히스토그램)에는 미적분 개념이 적용됩니다.

이 작업에는 많은 시간과 노동력이 요구되는데, 최근 들어 인공지능 딥러닝 기반의 프로그램이 상용화되는 추세입니다. 이 또한 여러 수학적 모델이 적용됩니다.

이렇듯 수학을 인간의 생명을 연장하는 숭고하고 현실적인 방법으로 올바르게 사용하고 있는 학생을 보면, 수학이 정말 보람 있고 의미 있게 사용되는 삶의 현장에 제자가 있다는 것이 참 뿌듯합니다.

08

수학이 재미있을 수 있을까?

케임브리지 대학교 황휘

케임브리지 대학교(University of Cambridge)로 수학을 공부하러 떠난 휘는 졸업하고도 오랫동안 학교의 전설로 남은 학생입니다. 학교에서 '휘한다'라는 신조어가 만들어질 만큼 영향력 있는 학생이었어요. 표현의 의미는 시간이 흐르며 여러 번 변질되기도 했지만, 휘를 모르는 까마득한 후배들도 '휘한다'는 말은 들어봤을 만큼 신비한 영향력을 가졌습니다.

휘가 3학년 때, 수업 중에 '그림으로 증명하기(Proof without words)'라는 수학 주제를 소개한 적이 있습니다. 다양한 수학 전반의 이론(Theorem)을 단 하나의 그림으로 설명하는 것이었는데, 미국 수학계에서 오랫동안 수학 전공자들이 유희처럼 즐기던 것이었죠. 그러려면 한 장의 그림이 어떻게 하나의 수학 이론을 설명하는지 알아차려야 합니다. 미적분 수업 중에 수업 주제와 관련된 그림이 교재에 잠깐 소개되었기에 학생들에게 설명해주었습니다.

대다수의 학생들에게는 특별히 재미난 주제는 아니었습니다. 하지만 휘는 그 그림을 한참 바라보더라고요. 몇 주 후 휘가 그와 관련된 책을 사서 모두 다 읽어보고 대부분을 이해했다는 것을 확인할 수 있었어요. 책은 당시에 절판되어 구하기도 힘든 책이었는데, 어떻게든 구해서 읽었던 거죠. 그리고 그 책이 참 재미있다고 말했습니다. 그때 저는 휘에게 감동받았습니다. 스스로 찾아서 공부하고 수학이 재미있다고 하는 학생이었으니까요.

그래서 케임브리지 대학교의 수학과에서 공부하기에 충분한 자격을 갖춘 학생이라 믿었고, 휘의 추천서를 열심히 작성했던 기억이 납니다. 현재 휘는 PwC 컨설팅회사에서 보안 전략 컨설팅 전문가로 일하고 있습니다.

수학이 재미있을 수 있을까요?

"야, 수학은 아무리 배워도 나중에 쓸모없대. 계산기만 두드릴 줄 알면 다 먹고산다는데?" 중학교 1학년 시절, 지루했던 수학 수업을 겨우 버틴 짝꿍이 수학 선생님께서 나가신 직후 나에겐 던진 한마디였습니다. 저는 당시에 수학을 좋아했지만, 짝꿍에게 반박할 수 없었습니다. 여태까지 수학 학습지를 많이 풀어 다른 과목에 비해 수학 시험 점수가 잘 나와 수학을 좋아했던 것이었지, 제 인생에 수학이 정말로 필요한 과목인지는 미처 생각하지 못했기 때문이었습니다.

사실 수학 시간에 배운 방정식을 통해 소금물 안에 몇 그램의 소금이 함유되었는지 확인하는 것보다는, 기술가정 시간에 배우는 내용이 더 유용해서 그런지 기술가정 과목이 더 재미있었습니다. 게다가 수학을 잘하는 이과 수험생의 최종 목표는 의과대학 진학이었습니다. 수학은 그저 대학 또는 취업 등 목표를 이루기 위한 필수 과목이기에 저를 포함한 대부분의 학생들이 그 지루함을 인내하고 있다는 점을 깨닫고, 짝꿍에게 동의할 수밖에 없었습니다.

짝꿍으로부터 말문이 막히는 발언을 들은 지 얼마 지나지 않아, 저에게도 반박할 기회가 찾아왔습니다. HR 시간에 담임선생님께서 우리 반 모두를 교내 도서관에 끌고 가시더니, 교내 독서 권장 프로그램의 일환으로 모두 안 읽어본 책을 한 권씩 대여해서 다음 주까지 독후감을 제출하라고 하셨습니다. 주위 친구들이 한숨을 쉬며 담임선생님께 불만을 토로하는 동안, 저는 기똥찬 편법을 떠올렸습니다. 수학과 관련된 책을 고른 후, 평소 알고 있던 원리를 그럴싸하게 독후감으로 포장해서 만들 계획이었습니다.

저는 도서 검색 컴퓨터에 '수학'을 검색했습니다. 검색 결과 중 표지가 알록달록한 《수학 비타민》이라는 책이 가장 먼저 눈에 띄었습니다. 책을 펼쳐 대략 무슨 내용인지 확인하려 했는데, 뒤통수를 한 대 맞은 듯한 느낌을 받았습니다. 짝꿍이 말했던 것과는 다르게, 책 안에는 일상생활과 관련된 수학과 관련된 내용이 가득했거든요. 독후감 편법 작전을 잊은 채, 저는 짝꿍에게 설명해줄 내용을 엄선하려 책을 훑었습니다. 왜 맨홀을 원 모양으로 만드는지, 바코드의 원리는 무엇인지 등 단순 계산기의 사칙연산으로는 감히 설명할 수 없는 내용을 흥미롭게 읽은 뒤 이를 짝꿍에게 설명해주었습니다. 짝꿍이 "그렇게 쓸모없진 않네"라고 인정하는 모습을 보니, 수학이 처음으로 재미있게 느껴졌습니다.

그 책은 존경하는 선배님이 쓰신 참 좋은 수학 교양 서적이라 잘 알고 있어요. 훌륭한 책이 한 사람의 인생을 바꿀 수 있다는 말은 많이 들어보았지만, 휘의 이야기를 들어보니 그 책이 진짜로 대단한 비타민이 되었다는 생각이 듭니다.

교내 도서관에 다녀온 이후로 교양 수학 책에 중독되었습니다. 신용카드 번호 설계 방법에 대해 읽은 후에는 어머니 신용카드의 번호를 확인해보았고, 자연 속 피보나치수열에 대해 읽은 후에는 하굣길에 보이는 나무의 나뭇가지가 피보나치수열대로 구성되어 있는지 확인해보았어요. 또 학교에서 배우는 수학은 어떻게 일상에 적용될 수 있는지 이와 관련된 책을 찾아봤습니다. 어느 순간부터 기술가정 시간보다 수학 시간이 더 기다려졌습니다. 중학교 1학년 때 우연히 도서관에서 책 한 권을 읽은 후부터, 저에게 수학이란 인내가 아니라 재미있는 취미 생활이었습니다.

저는 아직도 수학이 너무 재미있습니다. 지금도 수학과 밀접한 정보 보안 업무를 직업으로 하고 있습니다. 업무 중에 수학 원리들을 보거나 적용할 때

뿌듯함을 느끼지요. 고객 기밀 정보 암호화, 모바일 기기 사용자 인증 과정에는 소수의 불규칙성 원리가 적용되어 있어요. 업무 중 계산한 수치에 대해 예외 가능성을 확인하기 위해 수만 가지 시뮬레이션을 할 필요 없이 예외는 발생하지 않는다는 명제를 귀류법으로 증명하기도 합니다. 또한 주말에 아내와 맛집을 탐방하러 지방으로 가는 길, 고속도로 단속 구간을 지날 때는 평균값 정리가 떠오르곤 합니다.

수학은 지루한 과목이 아닙니다. 수학을 진정으로 공부하면 일상이 풍요로워집니다. 똑같은 영화도 아이맥스 영화관에서 볼 때 사뭇 다른 느낌이 드는 것처럼 말이죠. 이때 비로소 수학이 정말 재미있어집니다.

09

왜 공부해야 하지?

예일 대학교 이지원

지원이는 매우 선한 영향력을 가진 학생이었습니다. 심성이 착하고 긍정적이었어요. 성실하게 공부한 것은 물론이었고 예의도, 생활 태도도 너무 좋아서 많은 학생들과 후배들에게 모범이 되었습니다. 지원이가 예일 대학교(Yale University)에 합격했을 때 저는 당연한 일이라고 생각했고, 예일 대학교가 훌륭한 학생을 알아서 잘 모셔 가는구나 싶었습니다. 지원이는 예일 대학교에서 정치학을 전공하고 스탠퍼드 대학교(Stanford University)에서 정치학 박사 과정에 재학 중입니다.

고등학생 때까지만 해도 "왜 공부해야 하지?"라는 질문은 한 번도 한 적이 없었어요. 공부는 저에게 당연히 해야 하는 어떤 것이었으니까요. 공부를 열심히 해서 좋은 결과를 받았을 때 느끼는 성취감과 자신에 대한 뿌듯함, 그리고 주위에서 인정해주는 시선에 대한 자부심 등은 공부하는 데 충분한 동기가 되었지요.

물론 여느 고등학생과 마찬가지로 대학을 잘 가는 것은 그 성취의 정점을 찍는 일이었죠. 명문대에 간 선배들의 이야기를 읽으며 너무 부럽고 멋있다는 생각이 들었어요. 또 한국의 획일적인 교육에서 벗어나 개성을 인정하고 다양한 가능성을 펼칠 수 있게 해주는 미국에서 대학을 다니고 싶다는 막연한 희망이 저를 설레게 했어요. 미국 명문대의 학생이 될 날을 꿈꾸며 열심히 공부했어요. 그러니 "왜 공부해야 하지?"라는 질문은 공부를 힘들어하는 친구들이나 하는 질문이라고 생각했어요.

그러다가 운이 좋게도 제가 원하던 미국 명문대에 입학했어요. 스스로가 멋있게 느껴졌어요. 대학생이 되어서도 공부하는 이유가 크게 달라지지는 않았어요. 당연히 열심히 해야 하는 것이었죠. 물론 미국 대학생들은 한국에서 느꼈던 것과는 달리 공부든, 교과 외 활동이든, 순수한 열정이 넘치는 것 같았어요. 정말 자신이 하고 싶은 일, 관심 있는 일을 찾아서 열심히 하는 것이 느껴졌고, 저도 그 분위기에 동화되어 덩달아 열심히 살았어요. 제가 앞으로 무엇을 하고 싶은지 잘은 몰랐지만, 뭐라도 열심히 하다 보면 길이 나오리라 생각했어요. 정치학이라는 학문에도 관심을 가지면서 연구 프로젝트도 하고 그 성과로 대학원에도 진학할 수 있었어요.

늘 성실하게 공부하고 모범적인 학생이라 왜 공부를 해야 하는지에 대해 깊이 있게 생각해본 적이 없다는 게 조금은 신기하게 들립니다. 뭔가 깨달았기에 그만큼 잘하겠거니 여겼거든요. 그런데 가만히 생각해보면, 정말 공부를 왜 하는지 깊이 있게 생각해보고 공부하는 사람이 몇이나 될까 싶네요. 공부란 안 하면 뒤처지는 것, 큰일나는 것이라는 이유로 하는 경우가 너무나 많은 건 아닐까요? 나도 고등학교 땐 그런 이유로 공부를 했었던 것 같아서요.

그런데 대학원에 와서 제 생각에 변화가 생겼어요. 남들이 보면 정말 공부를 좋아했네 싶을 만큼 박사 과정까지 왔는데, 이제야 처음으로 질문했던 거죠. "나는 왜 공부하지? 왜 공부를 했지?" 지금까지 의심 없이 앞만 보고 잘 달려왔는데, 처음으로 이런 질문을 했어요. 한 번도 생각해보지 않았던 질문이기에 꽤 당황스러웠어요. 이 질문을 하지 않고 가던 길을 열심히 잘 가도 됐겠지만, 이번만큼은 더 늦기 전에 제대로 답해야 할 것만 같았습니다.

이 질문을 하게 된 계기는 여러 가지가 있었어요. 우선, 박사 과정은 정말 학문 자체를 즐기지 않으면 버티기 힘들었어요. 그래서 이제야 내가 정말 학문에 뜻이 있는지 고민했던 거죠. 또 다른 계기는 저의 남편이었어요. 저의 남편은 프린스턴 대학교를 졸업하고 스탠퍼드에서 의과대학과 암 생물학 박사 과정을 동시에 수료한 학생이었어요.

그런데 그의 화려한 스펙보다 더 놀라운 것은 끝없는 호기심과 알고자 하는 욕구였어요. 정말 신기할 정도로 모든 것을 궁금해했어요. 미국 월마트는 물건을 어떻게 유통하는지, 소금이 만들어지는 방식에 따라 소금 결정이 어떻게 달라지는지, 아이티에서 왜 갱단이 활약하게 되었는지 등등, 날마다 별의별 주제에 꽂혀서 알고자 노력했어요. 알고 나면 너무 신기하지 않냐며 신나는 말투로 저에게 그 모든 것을 설명해주었어요. 아무도 그에게 그걸 알아야 한다고 하지도 않았고 시험을 본다고 한 적도 없는데, 그냥 아는 것 자체가 재미있어서 알려고 하더라고요.

남편은 지금까지 공부도 그렇게 해왔어요. 알고 싶어서. 세상이 돌아가는 원리를 아는 것이 재밌고 짜릿해서. 자신이 고등학생 때 미국 역사 수업을 얼마나 재밌게 들었는지 설명해주면서 그때 외웠던 미국 대통령 순서를 읊어주기도 했어요. 그런 남편의 이야기를 들으면 정말 순수한 즐거움으로 공부할 수 있는 것이 부러웠습니다. 물론 남편도 공부가 힘들 때가 많았겠지만, 즐거움을 앗아갈 만큼은 아니었던 것 같아요. 앎 자체가 즐거워서, 그것을 위해 공부를 했던 순간이 몇 번이나 있을까 생각해보니 부끄러웠어요.

나는 왜 공부했을까? 그제야 이 질문에 정말 정직하게 답해보았죠. 나에게 공부는 나의 가치를 지키기 위한 수단이었어요. 이 넓고 무한한 세상에 대해 알고 싶은 호기심과 경외감이 아니라, 자신이 갈 길을 만들기 위해 해야만 하는 것이었어요. 좋은 시험 성적을 얻기 위해 단기간에 흡입해야 했던 지식은 시험이 끝나면 큰 의미가 없었습니다. 물론 시험이 끝나면 기억도 나지 않았고요. 사회를 보는 시선과 나의 가치관에 별다른 영향을 주지도 않았어요. 제가 사는 사회도 제가 그 지식을 토대로 무엇을 추구하며 어떻게 삶을 지혜롭게 사느냐에는 별로 관심이 없고 저의 성적과 대학 이름으로 저를 인정해주는 듯했기 때문에, 그 이상 시간과 에너지를 낭비할 이유가 없었던 거죠.

배움을 시작한 지 23년이 지나고 나서야 지금까지 제가 공부한 방식과 이유를 생각해보며 부끄러움과 아쉬움을 느껴요. 이런 저의 아쉬움을 토대로 후배들은 의미 있는 공부를 했으면 좋겠어요. 한국이든 미국이든, 학생들이 앎의 즐거움을 느낄 수 있는 교육을 추구한다면 좋은 교육이 아닐까 싶어요. 배운 지식이 자신이 훗날 가질 직업에 쓰일 수 있다면 더할 나위 없이 좋지만, 꼭 그렇지 않더라도 이 세상에 대해 크고 작은 지식을 배우는 것 자체가 즐거운 일이 된다면 공부 그 자체가 의미 있으리라고 생각합니다. 시험 성적을 위한 공부가 아닌, 시험만 보면 다 까먹는 공부가 아닌, 나보다 훨씬 큰 이 세상의 신비로움과 복잡다단한 문제들, 그 속에서 살아가는 우리의 삶에 대한 성찰이 담긴 공부를 할 수 있다면 얼마나 의미 있을까요.

어떻게 하면 그런 교육 환경을 만들 수 있을까요? 물론 모든 학생이 모든 과목에 대해, 또는 모든 지식에 대해 똑같이 즐거워하는 건 비현실적이겠죠. 그리고 기존의 평가 시스템이 바뀌어야 하는 것도 사실이지만, 모든 평가를 없애거나 바꾸는 것도 말이 안 되고요.

그렇지만 공부를 왜 하는지에 대한 생각을 바꿀 수는 있지 않을까요? "왜 공부해야 해요?"라고 묻는 아이에게, "그래야 대학 잘 갈 수 있어"라거나 "그래야 나중에 먹고살 수 있어"라고 하기보다는 오늘 학교에서 뭘 배웠는지 물어봐주고 그 조그만 지식이 왜 의미가 있는지, 그것이 얼마나 신기하고 재밌는 지식인지 얘기해준다면 그 아이는 즐겁게 공부할 수 있지 않을까요?

공부를 얼마나 잘하는지를 기준으로 서로를 비교하며 경쟁하는 분위기에서 벗어나, 옆에 있는 친구들과 함께 사회의 구성원으로 성장하는 기쁨을 느낄 수 있다면 어떨까요? 저는 시스템의 변화에 앞서서 우리 사회 전반에 깔려 있는 생각의 전환을 촉구하고 싶습니다. '공부는 성공을 위한 수단'이 아니라, '공부는 나보다 더 큰 이 세상을 알아가는 아름다운 일'이라고 생각한다면 더욱 겸허한 자세로 더 큰 의미를 느끼며 공부할 수 있지 않을까 싶습니다.

중학생, 고등학생이었던 나 자신을 만날 수 있다면 한번 묻고 싶어요. "너는 왜 공부하니?" 이 질문은 공부를 잘하든 못하든 누구나 해봐야 하는 질문이에요. 그리고 시험 공부를 위해 문제를 풀고 있는 나를 방 밖으로 데리고 나오고 싶어요. 역사를 공부하는 날에는 박물관에 데려가 옛사람들이 어땠을지 상상해보게 하고, 앞으로는 역사가 어떻게 흘러갈 것 같은지 물어보고 싶어요. 생물학을 공부하는 날에는 태아의 사진을 보여주며, 이 조그만 세포 덩어리가 사람이 되어가는 과정이 얼마나 신비로운지 얘기해주고 싶어요. 수학을 공부하는 날에는 건축 설계도를 보여주며 건물을 지탱하기 위해 어떤 수학적 원리가 쓰이며 그 원리가 얼마나 중요한지 알려주고 싶어요. 학교 교실 안에서 이루어지는 공부가 의미 없다는 말이 아니라, 실제 내가 사는 세상에서 이루어지는 모든 것으로 인해 교실 안에서 배우는 것이 비로소 참 의미가 있다는 사실을 알려주고 싶어요.

앎에 대한 욕구는 특별히 학구적인 박사생에게만 있는 것이 아니에요. 정도의 차이는 있겠지만, 하늘이 왜 파란지 묻는 5살 아이에게도 있는, 인간의 자연스러운 욕구 중 하나입니다. 다만 눈앞에 닥친 걱정과, 일상으로 지쳐버린 피곤함, 그 의미도 모른 채 방대한 양의 지식을 소화할 것만을 요구하는 사회로 인해 세상에 대한 호기심과 신비를 잃었을 뿐이지 않을까요? 모두가 모든 것에 호기심을 가질 수는 없지만, 배움이 직업인 학생들이 호기심과 앎의 즐거움을 잃지 않도록 해주는 것이 교육의 역할이겠지요. 그리고 진정한 배움을 통해 이 세상에 대한 경외감을 가질 때 비로소 그 사회의 구성원으로서 성실히 제 역할을 해낼 수 있지 않을까 생각합니다.

앞으로 후배들에게 물려줄 교육은 수단이 아닌 참지식으로 참사람을 만드는 교육이길 바랍니다.

아주 어렸을 때 아빠와 함께 〈슈퍼맨〉 영화를 보고 지구 밖에 우주라는 신기한 세상이 있다는 것을 처음 알았던 기억이 납니다. 우주가 무한히 넓다는 이야기를 듣고 그럴 수가 있는 것인지 며칠 동안 호기심을 가지고 끙끙댔어요. 남녀노소를 불문하고 자신이 모르는 세상에 대한 경외감과 호기심은 누구에게나 있어요. 그 호기심을 채워주는 교육이라니, 매우 이상적이지만 참 매력적인 이야기입니다.

사회과학을 공부하는 데 있어서 이제 수학은 필수가 되었어요. 수학을 잘하지 않으면 사회과학 연구도 하기가 힘들어진 거죠. 사회과학은 이 사회의 다양한 현상의 인과관계를 밝히려는 학문입니다. 그러기 위해서는 다양한 데이터를 사용해서 복잡하게 얽힌 여러 요소들 사이의 관계를 찾아내야 합니다. 예를 들어, 제가 공부하는 분야는 전 세계에서 일어나는 분쟁이 왜, 어떤 조건에서 생겨나는지 연구하는 것이죠. 그러기 위해서는 여러 나라의 소득 수준, 인종의 다양성, 정치 체제 등 여러 요인이 분쟁의 빈도와 어떤 관련이 있는지 등을 분석해봐야 해요. 이런 분석을 할 때 여러 가지 요인이 얼마나 상관관계가 있는지 측정할 수 있는 방법이 있는데, 이때 수학적 방법을 사용하죠. 특히 요즘에는 데이터의 양이 방대해지면서 많은 양의 데이터를 요약하고 분석하는 데 선형대수학이 많이 쓰여요.

10

스스로 정한 목표여야 이루어진다

코넬 대학교 진혜빈

혜빈이는 호텔리어가 되고 싶어 하던 학생이었습니다. 방학이 되면 다른 친구들은 공부를 하기 위한 계획을 세우고 실행했지만, 혜빈이는 호텔에서 잡일을 하는 아르바이트 자리부터 구했어요. 원하는 것이 생기면 발로 뛰고 행동하면서 목표를 추구하는 스타일이었습니다. 그렇다고 학기 중에 공부를 소홀히 한 것은 아니었습니다. 그래서 더 대견한 학생이었어요. 결국 혜빈이는 자신이 목표했던 코넬 대학교(Cornell University) 호텔학과(Hotel Administration)에 합격했지요. 지금은 대학을 졸업하고 귀국하여 IPX(라인프렌즈) 브랜드 마케터로 일하고 있습니다. 브랜드 마케터라니, 꽤 혜빈이다운 직업을 가졌다는 생각이 드네요. 자신만의 길을 스스로 만들어가는 혜빈이는 지금도 참 멋진 사람입니다.

막 대학교를 졸업하고 한국에 돌아와 친한 언니가 하던 영어 과외를 이어받게 되었어요. 초등학생 과외라 어려울 건 없지만, '왕자님'의 비위 맞추기가 상당히 까다로울 거라고 하더라고요. 과외를 하던 집은 경비실을 두 번 통과해야 들어갈 수 있는 고급 아파트였어요.

제가 했던 수업은 왕자님이 가는 선행 영어 학원의 숙제를 도와주는 일이었어요. 직접 영어를 가르치는 것도 아니고, 학원 숙제를 함께 풀어주는 일이라니? 황당하긴 했지만, 높은 시급에 성적을 보장할 필요도 없으니 이제 막 사회에 나와 백수 생활을 즐기던 저에게는 더할 나위 없었어요.

왕자님의 비위 맞추기는 생각보다 어렵지 않았어요. 겨우 8살, 초등학교 1학년이던 그 아이는 빽빽한 학교와 학원 수업 사이에 저와의 과외가 유일하게 노는 시간처럼 느껴졌던 듯했어요. 그동안 만난 선생님보다 제일 나이차가 덜 나기도 하고, 숙제만 시간 안에 끝내면 아무 얘기나 받아주는 것이 제법 마음에 들었던 모양입니다.

어느 날, I hate~(나는 매우 싫어한다), I want~(나는 하고 싶다)로 문장 만들기가 학원 숙제였어요. 그때, 아이가 신난다는 듯 웃으며 썼던 대답이 아직도 기억에 남아 있어요.

I hate my mom.

I want to hit my mother.

그렇다고 그 아이가 정신적으로 문제가 있거나 성격 장애가 있는 건 아니었어요. 다만 너무 이른 나이에 자유를 빼앗겨버린 비극적인 어린이였을 뿐이었죠. 아이의 어머니는 20대라고 해도 좋을 만큼 아름다웠지만, 교포 출신의 성공한 사업가인 남편처럼 아들을 키워내야 한다는 압박을 느꼈던 것 같아요. 으리으리한 궁전에 사는 왕자님은 수십 개의 장난감을 즐길 새도 없이, 아침부터 밤까지 온갖 학원을 전전해야 했어요. 심지어 체육 수행평가를 위한 줄넘기 학원마저 다녔을 정도였으니, 엄마를 물리쳐야 할 악당으로 규정하기엔 충분했던 듯해요.

대한민국 0.01%에 속할 만큼 유난스러운 어머니의 교육 같지만, 사실 정도의 차이는 있을지언정 대한민국에서는 흔한 이야기잖아요. 초등학생도, 중학생도, 고등학생도 노는 걸 좋아하는 건 마찬가지인데 학교와 학원에서 보내는 시간을 빼면 자유시간은 두 시간 남짓 될까요? 교육열이 문제가 아니라, 아이들이 공부해야겠다고 스스로 느낄 새도 없이 몰아가는 부모와 이유 모르고 쫓기는 아이들의 관계가 불행의 시작인 것 같아요.

전 어릴 때 공부를 꽤 잘했어요. 초등학교에 입학한 후 첫 시험은 운이 좋아 높은 성적을 받았을 거예요. 하지만 그 이후로 자존심과 위기감, 이 둘의 적절한 조합 덕택에 계속 공부를 했어요. 우연히 높은 점수를 받고, 반에서 상위권에 들고, 선생님과 부모님의 칭찬을 받고 나니, 점수가 떨어지는 건 제가 가진 것을 뺏기는 느낌이었거든요.

그렇게 상위권 성적을 유지하던 중, 어느 날 엄마가 사 온 내복에 멋있는 건물이 그려져 있었어요. 이게 뭐냐고 묻자, 엄마는 건물 그림 밑에 쓰인 하버드를 읽어주면서 세계에서 가장 좋은 대학교라고 알려주셨어요. 그때가 초등학교 4학년이었는데, 하버드에 가겠다고 다짐했죠. 세계에서 제일 좋은 대학교? 못 갈 것도 없어 보이는데?

유명 대학 이름이 적힌 티셔츠에 대해 별다른 생각이 없었는데, 누군가에겐 생각보다 효과가 굉장할 수도 있겠다는 생각이 드네요. 혜빈이가 대학 다닐 때 코넬 대학교 후드티를 선물해준 적이 있는데, 그 옷을 보고 제 딸도 "코넬이 뭐야, 아빠? 왜 여기에 무서운 곰이 그려져 있어?"라고 물어봤어요. 그때 아무 생각 없이 "이 곰돌이가 다니는 대학교야"라고 농담했는데, 이제 와 생각하니 후회가 됩니다. 이런 옷을 선물하는 데는 깊은 뜻이 있는지도 모르겠네요.

그렇게 단순하게 한 결정은 꽤나 오래 지속되었어요. 부모님도 제 결심이 진지해 보였는지, 중학교에 가자 외고 입시 학원에 보내주셨어요. 하지만 외고 입시 학원은 제가 생각했던 것보다 훨씬 더 오랜 시간을 보내야 하는 곳이었어요. 당시에 학원이 늦게까지 영업하는 것이 불법이었는데, 입시 직전에는 선생님들이 자정이 넘어 밖에서 불이 켜진 것이 보이지 않도록 창문에 스티커를 붙였던 기억이 나요.

처음에는 패기 있게 하버드를 외쳤지만, 가끔은 무단으로 학원을 빼먹고 친구들과 시간을 보내기도 했어요. 엄마는 공부에 차츰 흥미를 잃어가던 저를 처음에는 좋게 타이르고 다독이셨지만, 제가 떼쓰는 시간이 점차 길어지자 이렇게 말씀하셨어요.

"그럼 마음대로 해. 엄마는 혜빈이가 하버드든 외고든 안 가도 괜찮단다. 그러니까 앞으로 학원도 그만 다니도록 하자."

그 순간, 위기감이 심장에 뾰족하게 박혔어요. 엄마가 "그래도 가야지"라며 타이를 때는 그렇게 가기 싫더니, 그만두라고 하자 갑자기 들던 그 경고 신호. 이래서 나그네의 코트를 벗긴 건 바람이 아닌 태양이라고 하는 걸까요? 청개구리처럼 그만두라는 얘길 듣고 나서야 지금까지 제가 쏟았던 노력과 미래의 제가 떠오르면서 불퉁하게 튀어나왔던 반항심이 풀이 죽었어요.

학생이 스스로 하려고 했던 마음이 있으니 어머니의 청개구리 전략이 효과가 있었던 것이겠지요. 만약 학생이 스스로 목표를 세우지 않았다면 그만두라는 말에 신나서 정말 모든 것을 그만두겠지요.

어머니는 저를 잘 알고 있어서 그런 말씀을 하셨던 것 같아요. 초등학교 때 목표했던 하버드는 아니었지만 꼭 들어가고 싶었던 코넬 대학교에 진학했더니, 공부깨나 한 친구들이 많았어요. 물론 대치동같이 교육열이 강한 동네에서 온 친구들도 있었지만, 부모님의 기대 없이 스스로 열심히 한 친구들도 생각보다 많았어요. 오히려 부모님이 자유롭게 결정하도록 놔두었기 때문에, 스스로가 열심히 하지 않으면 안 된다는 위기감을 느꼈다고 해요. 생각해보면 취직하라는 압박 없이도 직장을 구하려고 애쓰듯, 공부 역시 스스로가 필요를 느껴야 가장 큰 동기 부여가 되는 게 아닐까요?

2023년은 유튜브에 올린 영상으로 한 달 만에 직장인 연봉을 벌고, 취미로 만든 다이어리 스티커로 영앤리치의 반열에 오르는 시대예요. 공부만이 성공의 열쇠라고는 할 수 없지만, 가지고 있으면 좋을 든든한 보험인 것은 부정할 수 없겠죠. 자녀의 공부가 고민인 부모님이라면, 아이를 채근하기보다는 목표를 찾아주는 게 어떨까요.

이 책에서 하고 싶은 이야기는 스스로 공부의 필요를 느껴야 진짜 공부가 시작된다는 것입니다. 그리고 공부의 필요를 깨닫게 하는 방법은 생각보다 훨씬 다양할 수도 있을 거예요.

수학에 큰 흥미도, 재능도 없었던 저는 어찌 됐든 대학은 가야겠다는 생각으로 수학을 공부했어요. 그리고 마케팅으로 진로를 정하고는 이제 수학은 안녕이라고 생각했죠. 하지만 세상은 그렇게 호락호락하지 않더군요. 마케팅을 실제로 해보기 전까지는 기발한 아이디어를 내서 세상의 주목을 끄는 것이 마케팅의 전부라고 생각했어요. 하지만 마케팅의 궁극적인 목적은 제가 알리고자 하는 제품이나 서비스의 매출을 올리는 것인 만큼 숫자와는 결코 떨어질 수 없는 분야였습니다. 눈에 띄는 독특한 광고나 행사는 수단일 뿐, 실행에 옮기기 전에는 매출의 흐름을 보고 목표치를 정해야 합니다. 캠페인이 진행된 이후에는 실제로 얼마나 달성했는지, 정량적 수치를 확인하는 것이 필수적이고요. 최근에는 마케팅의 효율을 확인합니다. 단순히 광고를 보여주는 것에서 그치지 않고, 투입한 비용에 비해 얼마나 많은 사람에게 광고가 보여졌는지, 그중 얼마나 많은 사람들이 실제로 구매하게 되었는지, 각 단계에서의 효율을 확인하는 것입니다. 가장 대표적인 문과 직업 중 하나인 마케팅조차 숫자를 보는 것이 필수인 걸 보면, 결국 어떤 일이든 수학과는 멀지 않은 셈입니다.

11

내가 수학이 좋아진 이유

서울대학교 안효철

서울대학교에서 화학생물공학을 전공하고 동 대학교 대학원에서 화학생물공학 차세대 2차 전지를 연구하고 있는 효철이는 고등학교 당시에 전형적인 이과생이었습니다. 수학을 아주 좋아하기도 했고 잘하기도 했어요. 여드름이 가득해 부스스한 얼굴로 항상 잔잔하고 여유 있는 미소를 띠고는, 친구들과 너스레를 떨거나 공부도, 농구도 함께 하던 멋진 학생이었습니다. 친구들이 궁금한 것을 물어보면 언제나 잘 이해할 수 있게끔 멋지게 설명해주었죠. 그래서 효철이는 많은 친구들에게 인기 있고 멋진 친구였습니다.

효철이는 대학에 입학하고 감사하다며 연락해 왔습니다. 그리고 군대에 입대하며 연락했던 기억이 납니다. 남학생들은 군대 가기 전에 특히 보고 싶다며 연락하더라고요. 생각해보니 저도 그랬던 것 같네요.

학창 시절, 수학/과학 공부를 참 재미있어했어요. 야자 시간에 피곤하거나 스트레스를 받아 머리가 안 돌아갈 때면, 잔잔한 음악을 들으면서 수학 문제를 풀며 머리를 식히곤 했죠. 수학 문제 풀이가 휴식이 될 만큼 수학을 좋아하게 된 것은 어릴 적 경험 덕분인 듯해요.

초등학교 2~3학년 때, 어머니께서 저의 손을 잡고 살던 아파트 단지에 있는 수학 학원에 데리고 가셨습니다. 학원이 무엇을 하는 곳인지, 어떤 내용을 배울지 전혀 모른 채, 처음 보는 선생님에게서 동네 아이들과 수업을 듣기 시작했습니다.

선생님은 수업 시간에 많은 시간을 들여 문제집의 문제 풀이를 학생들이 일일이 나와서 직접 설명하고, 같은 반 친구들을 이해시키게 하는 수업 방식을 택했습니다. 나중에야 알았는데, 이러한 수업 방식은 일반적인 학원의 방식과는 거리가 있었고 효율적이라고 할 수도 없었어요. 다만 저는 친구들에게 더 멋있게, 더 잘 이해되도록 설명하고 싶었어요. 그 덕분에 한 문제, 한 문제를 곱씹어가며 풀었어요. 이를 계획한 대로 설명하여 친구들을 이해시켰을 때의 뿌듯함과 성취감을 양분으로 삼아 수학 공부에 재미를 느끼기 시작했어요.

일반적인 학원 선생님들처럼 진도에 급급해서 가르치는 방식의 강의를 택하셨다면, 현재의 저는 없었을지도 몰라요. 그분께서 학생들이 스스로 동기를 찾아가며 공부하도록 이끌어주셨고, 그 방식이 저와 잘 맞았기에 수학에 재미를 느끼고 스스로 공부하는 버릇이 들지 않았을까 싶습니다.

지금도 매일 느끼지만, 공부는 스스로 하는 것입니다. 정해진 교과 과정에 의해 배우는 학습보다는, 내가 필요를 느끼고 직접 찾아가며 열의를 가지고 공부하는 것이 효율도 좋을뿐더러 장기 기억에도 오래 남지요. 학생들이 스스로 흥미를 느끼고, 긍정적인 피드백을 받으며 열정을 느끼게 하는 다양한 수학 학습법이 발전해서 저처럼 수학을 즐기는 학생이 더 많아졌으면 바랍니다.

사실, 수학을 즐길 수 있다는 말에 대해 공감하기 힘든 사람이 더 많을 거예요. 하지만 조금이라도 더 흥미와 재미를 느낄 수 있도록 하는 다양한 방식의 교육 방식이 많아지길 바라는 마음은 저도 마찬가지예요.

화학생물공학이라는 학문은 이름만 봐서는 수학과는 관련이 없어 보이지만, 처음부터 끝까지 수학을 이용합니다. 화학반응의 속도와 촉매의 성능에 맞게 반응기를 설계하는 데는 미분방정식이 사용되고, 고분자의 물성(녹는점 등)은 수학식을 통해 예측하죠.

고등학교 교과 과정, 특히 수능 수학은 대부분 엄밀한 증명보다는 빠르게 정답을 내는 과정에 집중되어 있는데, 고난도 수학 문제를 풀어가는 과정을 즐기던 저로서는 공대 수학이 굉장히 친근하고 편하게 느껴졌습니다. 특히 제가 연구하고 있는 배터리 분야는 전기화학을 기반으로 한 학문입니다. 배터리 내에서의 미세한 리튬 이온의 화학반응을 수식으로 풀어내서 배터리의 성능을 평가하거나 예측하죠. 최근에는 기업의 비용을 절감하기 위해 배터리의 성능을 시뮬레이션을 통해 예측하는 기술이 많이 발달하고 있는데, 배터리 내의 화학적 환경을 전부 수식으로 모델링하는 기술을 기반으로 하고 있습니다. 그래서 최근 배터리업계에서는 화합물을 합성해서 제작하는 엔지니어보다 수학적 내용을 자유롭게 다룰 수 있는 엔지니어에 대한 인기가 날로 높아지고 있습니다.

12

정해진 틀에 스스로를 끼워 넣지 마세요

듀크 대학교 성재훈

재훈이는 선천적으로 청각 장애를 가진 학생이었습니다. 수업을 마친 어느 날, 재훈이가 상담을 요청했습니다. 수학 수업을 더 잘 이해하려면 제 입의 모양을 잘 봐야 하는데, 지금 앉아 있는 위치에서는 제가 등을 보여서 수업 내용을 따라오는 데 어려움을 겪는다는 것이었죠.

재훈이는 늘 긍정적이고 무엇이든 할 수 있다는 마음으로 세상을 마주하는 학생이었기에, 제가 재훈이에게 수학을 가르쳐주긴 했지만 오히려 삶을 대하는 태도는 제가 재훈이에게서 더 많이 배웠거든요. 배움의 자세가 잘되어 있는 학생이었기에 재훈이를 지도하는 것이 너무나 즐거웠고 영광이었습니다.

결국 재훈이는 성실히 노력한 결과, 자신의 꿈을 이루기 위해 생의학공학 분야에서 가장 유명한 듀크 대학교(Duke University) 의생명공학과로 진학했고, 의생명공학과 전자공학을 복수 전공하고 있습니다. 현재는 대학을 휴학하고 다양한 활동을 거쳐 캐나다의 한 대기업에서 소프트웨어 개발 및 기획자로 일하고 있어요.

저는 선천적으로 청각 장애와 소이증을 가지고 태어났습니다. 그래서 귓바퀴가 다 갖춰져 있지 않아요. 보청기가 없다면 80데시벨 이상의 소리부터 들을 수 있는데, 이는 지하철 전동차가 달리며 내는 소음 정도랍니다. 그렇게 시끄러운 소리를 겨우 들을 수 있다니, 신기하지 않나요? 그나마 다행이었던 것은 당시에 더 나은 청력을 가질 수 있도록 도와주는 보청기 기술이 있었다는 것입니다. 골전도 보청기를 착용하며 서울시 상도동에 있는 농아원에서 듣고 말하는 방법을 배웠고, 일반 초등학교로 옮겨 통합 교육을 받았습니다.

그렇게 길고 긴 초등학교 생활을 마무리하며 6학년 2학기에 BAHA 보청기 수술을 받았습니다. BAHA 보청기의 작동 원리는 이전에 착용하던 골전도 보청기와 근본적으로 같지만, 너무나 흥미로운 차이점이 하나 있었습니다. 이 보청기가 제 머리뼈에 직접 연결된다는 것이었죠! 수술 후 회복을 위해 머리에 붕대를 감은 채 3개월을 지내면서, 제가 착용할 보청기가 무엇인지 탐구하는 데 몰두할 수 있었어요. 그즈음에 의학 기술 발명과 연구에 관심을 가진 것이 아닐까 싶어요.

의학 기술을 연구하고 발명하는 공학자가 되겠다는 꿈은 원대하였지만,

고등학교에는 저보다 수학, 과학 공부를 잘하는 친구들이 너무 많았습니다. 다른 친구들과 비교하지 않고 나만의 성취 기준에 집중하기에는 아직 어린 나이였기에, 자신감을 잃었던 적도 있었어요.

자신감 하락이 이유였는지 모르겠지만, 저는 전문적인 공학자가 되고 싶다는 마음과는 다르게 다른 분야에 관심을 두고 탐색하는 과정을 거쳤지요. 그 시작은 어렸을 적 저의 언어 치료를 담당해주신 선생님의 소개였습니다. 저와 같은 장애를 가진 초등학생, 중학생이 있는 복지관이 집에서 멀지 않았어요. 솔직히 그때만 해도 저와 비슷한 장애인과 만나는 것을 피했습니다. 그 만남에 관심이 없었다기보다는 복지관에 놀러 오는 어린 장애 학생들을 보면 저의 과거를 대면하는 것 같았기 때문입니다. 그 장애 학생들의 부모님을 뵐 때마다 제 부모님이 젊었을 때의 모습을 너무나도 쉽게 떠올릴 수 있었고요.

하지만 한다면 끝을 보고야 마는 성격이잖아요. 그래서 청각 장애 학생들을 만나기 위해 학기 중에는 최소 2주일에 한 번, 방학 때는 이틀에 한 번꼴로 복지관에 다녔습니다. 오죽하면 부모님께서 학교 기숙사에서 너무 자주 나오는 것 아니냐고 우려하실 정도였지요.

그렇게 봉사를 계속하면서 장애 학생뿐만 아니라 장애인 복지를 위해 모인 다양한 분야의 사람들과 만날 수 있었습니다. 언어 치료사, 청각학자를 만난 적도 있었고, 보청기를 이식하는 이비인후과 의사로부터 보청기 기술에 대한 설명도 들을 수 있었습니다. 또 수화를 사용하는 농인들에게서 수화를 더 깊이 있게 배우기도 하고, 운 좋게 이탈리아에서 열린 세계농아인연맹 행사에 다녀오기도 했습니다.

보청기 기술 분석 결과를 바탕으로 언어 치료법을 개발하는 분들을 보면서 신기술을 사회에 접목시키는 다른 분야의 전문인들이 있고, 저와 다른 보청기를 착용한 학생들과 교류하면서 어쩌면 내가 알고 있는 청각 장애가 전부가 아닐 수도 있겠다는 것을 고등학교 때 알게 되어 운이 좋았다고 생각합니다. 한편으로는 제가 의학 기술의 수혜를 입고 수학, 과학 공부를 너무 잘한 나머지 관련 전공 공부만 열심히 해왔다면, 공학 만능론에 빠졌을지도 모르겠습니다. 기술의 발명과 발달 그 자체는 그 기술이 최종 사용자에 도달하기까지의 과정에서 극히 일부에 지나지 않는다는 것을 모른 채 말이지요.

이러한 깨달음 덕에 세상을 다양하게 인식할 수 있었고 이것은 고등학생이었던 제게 또 다른 행운이 되었습니다. 제가 원하는 대학에 합격하는 데 도움이 되었기 때문이지요. 실제로 대학교에 제출하는 자기소개서에 이 기나긴 외도(?)의 이유와 과정을 담아냈고, 원하는 대학에 합격했습니다. 저의 입학 원서를 직접 평가한 입학사정관과 짧게 대화할 기회가 있었는데, 공학과는 거리가 먼 활동을 한 제가 왜 합격했는지 물었습니다. 그분께서는 "과학자라면 떠오르는 이미지에 성재훈이라는 학생을 끼워 맞춘 것이 아니라, 성재훈이라는 사람이 있고 이 사람이 과학자가 되면 어떨까 하는 생각이 들었다"라고 말씀해주셨어요.

입학사정관의 말은 감동적이면서도, 새로운 관점으로 바라볼 필요가 있음을 다시 한번 깨닫게 해주네요. 성재훈이라는 과학자가 탄생한다면 세상에 어떻게 기여할 수 있을지 생각해보고 그 큰 가능성을 봐주었다는 뜻일 테고, 그 미래가 나도 기대되네요.

제가 고등학교 때 했던 활동들은 언뜻 보기에 실험실에서 연구하는 공학자의 그것과는 다르지만, 기술에 관여하는 여러 사람을 만나고 기술이 사회까지 전달되는 과정을 이해하는 만큼 전문적인 수학, 과학 지식을 대학교에서 잘 배운다면 잠재력을 발휘할 것이라는 말이지요. 제가 과학자가 할 법한 활동에만 관심을 두었다면 저만의 특징을 살릴 행운은 오지 않았을지도 모릅니다.

지금 여러 가지 상황 때문에 원래 하고 싶었던 의학 기술 연구와는 다른 분야에서 일하고 있지만, 개인적으로 아쉽거나 불안하지 않은 이유이기도 합니다. 제가 다시 의학 기술을 연구하는 꿈을 꿀 때, 지금의 경험은 또 다른 누군가에게 성재훈이라는 사람이 의학 기술을 연구한다면 어떨까 상상하게 할 것이라 확신합니다.

장래 희망과 직업이 갖는 이미지를 억지로 본인에게 가져다 붙이지 않는 것이 좋습니다. 제가 고등학교 시절로 돌아간다면 학교 안팎에서 하는 활동과 관심 있는 활동을 정리해서 그 활동을 관심 있는 전공 분야와 어떻게 연결할지 고민해볼 것 같습니다.

우연히 교내외 활동을 하게 되면, 흥미 여부는 잠시 뒤로하고 그 활동을 하는 순간만큼은 최선을 다해보세요. 우연한 계기로 시작한 봉사가 지금의 삶의 단초가 된 것처럼, 우연한 계기가 학창 시절과 그 이후의 진로에 긍정적인 영향을 끼칠 수 있습니다. 여러분의 꿈을 응원합니다.

시작은 우연이었을지 몰라도 꿈을 이뤄가는 과정은 노력이 있었기에 가능한 일이겠지요. 늘 도전하려는 태도 덕분에 우연이 행운이 되었으리라 믿습니다. 캐나다 대기업에서 재훈이의 가치를 높게 평가해서 아직 졸업도 하지 않은 학생을 채용한 것도 같은 이유가 아닐까 싶어요.

지금은 어쩌다 보니 소프트웨어 개발에서 일하고 있지만, 한국에 있을 때 의생명공학, 생체전자공학(신경보철) 연구 프로젝트에 오랫동안 참여했습니다. 수학은 의생명공학 연구에서도 절대 빼놓을 수 없지요. 인체 대부분의 자극과 반응은 신경계에 의해 조절되는데, 전기적 신호를 사용합니다. 그래서 인공적으로 신체가 이해할 수 있는 전기적 신호를 만들어내서 의미 있는 의공학 기술을 이끌어내려는 연구가 있습니다.

실제로 그 의문에 해답을 준 여러 의학 기술 중 가장 유명한 것은 인공 와우입니다. 인공 와우는 인체의 청신경 또는 청신경과 맞닿아 있는 청각 기관의 손상으로 발생한 난청을 보전해주기 위해 개발된 보청기입니다. 인공 와우 시스템을 구성하는 기기 중 하나인 전극은 외과 수술을 통해 달팽이관에 직접 삽입됩니다. 그리고 나머지 인공 와우 시스템 구성 기기들이 이 전극을 통해 외부의 음성 신호를 전기 신호로 바꾸어 청신경에 전달하고, 이 전기 신호 덕분에 소리를 느낄 수 있어요.

음성 신호를 전기 신호로 바꾸는 과정에서 수학을 절대로 빼놓을 수 없습니다. 어떻게 하면 외부 음성 신호를 청신경에 더욱 적합한 전기 신호로 바꿀 수 있을지의 문제만 놓고 보아도 끝없는 수학적 이론이 쏟아져 나오지만, 여기에서는 가장 쉽고 대표적인 예 하나만 소개하겠습니다.

소리의 높낮이는 소리가 공기를 통해 전달될 때 1초에 몇 번이나 공기를 흔드는지에 따라 결정됩니다. 이를 주파수라고 하며, 1초당 진동수를 나타내는 단위를 헤르츠(Hz)라고 합니다. 낮은 소리는 1초당 진동수가 적고(느리게 공기를 흔듦), 높은 소리는 1초당 진동수가 높지요(빠르게 공기를 흔듦). 도레미파솔라시도의 7음계는 260Hz에서 500Hz 사이의 진동수를 가지고 있습니다. 이보다 더 높은 소리라면 500Hz보다 클 것이고, 낮은 소리라면 260Hz보다 작겠지요?

수학자들과 과학자들이 소리를 연구하는 과정에서 시간에 따라 다르게 들리는 소리를 주파수에 따라 나누어 분석할 수 있다는 것을 밝혀냅니다. 이때 사용된 것이 푸리에 변환이라는 유명한 수학적 이론입니다. 푸리에 변환을 활용하면 실시간으로 변화하는 소리의 정보를 주파수 기준으로 정리할 수 있어요.

그런데 인체의 청각 기관을 연구하면서 아주 놀라운 인체의 신비 혹은 기막힌 우연이 밝혀집니다. 1950년대 말 헝가리 출신 생물학자 폰 베케시 박사는 달팽이관이 어떻게 소리를 받아들이고 해석하는지에 대한 연구 결과를 내놓습니다. 달팽이관의 내부 구조가 외부의 소리를 실시간으로 받아들일 때 주파수에 따라 자극되는 물리적 위치가 다르다는 것이었습니다. 달리 말하면, 기다란 막대기가 말려 있는 듯한 달팽이 모양은 소리의 주파수에 따라 각 소리에 반응하는 위치가 다르게끔 정교하게 설계된 구조였던 것이지요. 실시간으로 변화하는 소리의 주파수에 따라 반응하는 달팽이관은 앞에서 이야기한 푸리에 변환이 하는 일과 똑같습니다! 이 달팽이관의 마법을 밝힌 폰 베케시 박사는 그 공로를 인정받아 1961년에 노벨 생리의학상을 수상하게 됩니다. 이미 푸리에 변환이 발명된 지 100년도 넘은 때였지요.

푸리에 변환이라는 수학적 이론이 달팽이관 내부 구조의 소리 분석법과 매우 닮아 있다는 사실은 당시 의학 기술을 연구하는 모든 과학자들을 흥분시키지 않았을까요? 수학과 생물학의 멋진 콜라보가 탄생한 순간이었던 것이지요. 실제로 이 이론이 널리 알려진 후에 인공 와우 연구가 본격적으로 시작되었습니다. 인공 와우 연구는 전자공학과 반도체의 기술 발달이라는 큰 행운도 맞이합니다. 외부의 소리를 신경이 이해할 수 있는 전기 신호로 변환해주는 기기가 24시간 내내 몸에 지니고 다닐 만큼 가벼워지고, 몸에 이식되어도 안전해진 건 오늘날 우리가 사용하는 모든 전자 기기에 적용된 반도체 기술 덕분이었으니까요.

이렇게 외부의 자극을 신체가 이해할 수 있는 신경 전기 신호로 바꿔주는 연구는 여전히 계속되고 있습니다. 그리고 그 중심에 수학이 있고요.

13

성공보다 중요한 것

연세대학교 범승원

승원이는 손에 꼽을 만큼 공부에 매진하던 학생이었습니다. 일분일초를 아껴가며 공부한다는 말을 승원이를 지켜보고 있으면 이해할 수 있을 만큼 학업에 진심이고 열심이었습니다. 하지만 인간은 기계가 아닙니다. 잘해야 한다는 강박이 도를 넘으면 심적으로도 체력적으로도 사람을 지치게 만들죠.

그래서 잘 나오던 성적이 무너졌을 때, 저는 승원이에게 더 잘하라고 채찍질하기보다는, 일상의 이야기를 들어주고, 성적과는 전혀 관계없는 이야기에도 공감해주고, 어떤 꿈을 꾸고 있는지 대화하며 좀 더 여유 있게 주변을 둘러보라고 조언해주었습니다. 다행히 작은 도움으로도 승원이는 다시 일어났지요. 다시 성적이 상승했고, 만족스러운 결과로 졸업했으며, 연세대학교 의과대학에 진학했습니다. 그

곳에서도 전액 장학금을 받을 만큼 여전히 공부에 진심입니다. 사소한 일상에 감사할 줄 알고, 의학이라는 학업에 모든 열정을 쏟을 줄 알기에 훌륭한 의사가 될 것이라고 믿습니다.

1학년 2학기 전교 1등. 그토록 바라던 성적이었지만 그것이 1년의 지옥 같은 시간을 불러올 줄은 상상하지 못했습니다. 목표 달성은 그 자리를 유지해야 한다는 부담감으로 이어졌어요. 스스로에 대한 기대가 너무 높았고, 그만큼 긴장감과 스트레스가 나를 짓눌렀습니다. 밥 먹는 시간과 잠자는 시간을 줄였고 시간을 아끼기 위해 늘 뛰어다녔습니다. 청각이 예민해서 쉬는 시간을 활용하기 위해 공사장에서 쓰는 소음 방지용 귀마개를 쓰고 다녔어요. 고등학교 친구에게 물어보면 지금도 엄청 큰 귀마개 쓰고 뛰어다니던 모습이 생각난다고 할 만큼, 원하는 대학과 학과라는 목표만 바라보고 달리던 시절이었습니다.

모든 순간을 낭비하지 않고 공부만 해야 한다는 강박과 싸우며 한 학기를 보냈습니다. 나쁘지 않은 결과로 2학년 1학기를 마쳤지만, 마음의 병은 오히려 심해졌어요. 여름부터 알 수 없는 우울함이 밀려왔고, 매일 솟구치는 감정에 우는 날이 반복되었어요. 하지만 이런 마음을 털어놓을 수도 없었어요. 친구들에게 성적에 대한 강박 때문에 힘들다고 토로하는 것이 기만이자 사치로 보일까 봐 두려웠어요. 어렵게 이야기를 꺼냈는데, 한 친구는 연예인 돈 걱정을 하는 것이 제일 쓸모없다고 얘기하듯 네가 성적 고민하는 것이 제일 어리석은 것이라며 웃어넘기더라구요. 또 부모님도 잘하고 있으니 지금처럼 힘내서 열심히 하면 된다는 격려의 말과 기대뿐이었어요. 오히려 짐이 덜어지지 않고 무거워지는 느낌이었어요.

꾸역꾸역 여름방학을 버틴 후 저를 맞이한 것은 학교 선생님들의 자극이었습니다. 이제 고3이라며 수시 모집 지원까지 얼마 안 남았으니 1년만 공부에 미쳐 살아보라고요. '내가 지금 힘들어할 시간이 어디 있어. 정신 차리고 공부에 미쳐 살아보자.' 그렇게 저는 자신의 감정을 외면하며 하루하루를 보냈습니다.

식사를 하루 총 30분 남짓으로 한정했고, 자는 시간도 4시간 반(1시 반 취침, 6시 기상)으로 줄였습니다. 시간이 지날수록 체력은 꾸준히 안 좋아졌고, 몸이 무너지자 정신적 스트레스가 신체 증상으로 나타났습니다. 자주 감기 기운이 나타났고 허리와 목이 미친 듯이 아팠으며 머리가 깨질 것 같았어요. 붉은 가래가 나왔고 가끔 시야가 뿌예졌고요. 급하게 받아본 종합 검사에서는 아무 문제도 나오지 않았고, 어떤 약으로도 증상이 좋아지지 않았죠. 저를 극한으로 내몰면서 공부했으나 그 결과는 처참했어요. 중간고사 시험을 보는데 마치 눈에서 글자가 튕겨 나가는 느낌이 들었어요. 머리가 아파서 검토도 불가능했고, 평생 안 하던 실수를 남발한 끝에 최악의 등수와 점수를 받았습니다. 절망, 실망, 억울, 분노 등 담아왔던 모든 부정적인 감정이 한번에 터져나왔고, 한동안 일상생활을 하기 어려울 정도의 깊은 우울감에 빠졌어요.

그러다 2학기 정기 면담 기간이 되었어요. 그때 선생님은 성적이 계속 떨어져서 불안한 저에게 성적이 아니라 제가 어떤 꿈을 가지고 있는지, 학교 생활과 건강은 어떤지 물어봐주셨어요. 그러면서 재건성형에 관심 있던 저에게 《지선아 사랑해》라는 책을 추천해주셨어요. 그 책은 지금까지 3번 넘게 읽은 유일한 책이자 인생의 전환점이 되어준 소중한 책입니다.

그녀의 이야기가 너무나도 안타깝기도 했지만 제 자신이 너무 부끄러워 눈물을 흘렸어요. 그녀는 삶과 죽음을 오가는 절망적인 상황에서도 작은 것에 감사하며 그 시간을 이겨냈습니다. 반면에 저는 사소한 어려움에도 짜증을 내고 속상해하고 있다는 생각이 들었어요. 이후로 저는 매일 감사할 일을 찾고 이를 일기로 기록했습니다.

그렇게 세상에 고마운 일이 조금씩 늘면서, 현실은 변함없었지만 저의 삶은 정말로 밝아졌습니다. 주위 친구들, 가족과 보내는 시간은 늘어났고 공부 시간은 줄어들었지만. 공부만 고집하다가 망했던 중간고사와는 달리 기말고사, 3학년 성적도 덩달아 올랐습니다. 신체 증상도 차츰 호전되었고요. 신체적으로, 정신적으로 모두 저를 낫게 해준 건 감사하는 마음 덕분이었어요. 앞으로 어떤 시련이 닥쳐도 감사할 것을 찾으며 슬기롭게 극복해나갈 수 있다는 자신감을 얻었고, 8년이 지난 지금도 건강한 몸과 마음으로 매년 성장하며 높은 성과를 유지할 수 있는 힘을 얻었습니다.

누구나 크게 넘어지고 좌절하는 순간이 있을 거예요. 고통의 시간이 지금이라고 느끼는 사람도 있을 테고요. 성공한 사람들은 늘 실패를 통해 성장하라고 말해요. 저 역시 경험을 통해 얻은 교훈으로, 성공보다 중요한 것은 실패 이후 회복하는 능력이라고 생각하고요. 아쉽게도 부모님과 선생님은 성공을 향해 나아가는 방법은 가르치지만, 넘어졌다 일어나는 방법은 가르치지 않는 것 같아요. 목표가 클수록 실패는 마주하기 두렵고, 마주했을 때 훨씬 더 크게 다가올 수 있는데 말이죠.

중학교 때 늘 1등만 하던 학생들이 모인 고등학교에서 성적에 낙담하고,

고등학교에서 1등만 하던 학생들이 모인 의대에서 크게 우울감을 느끼는 경우를 자주 목격해왔어요. 이럴 때 "괜찮아"라는 타인의 말은 별로 위로가 되지 않지요. 감사하는 마음과 긍정적인 생각을 바탕으로 스스로 일어나는 힘을 길러보기를 권하고 싶습니다. 특히 "정신적, 신체적으로 건강할 때 배울 수 있다"라고 조언하고 싶습니다. 신체가 최상의 컨디션을 유지하는 적절한 수면 시간을 찾고, 늘 긍정적으로 사고하며, 후회 없이 최선을 다하면 반드시 자신이 바라는 목표와 꿈에 닿아 있을 것이라고 믿습니다.

극한까지 스스로를 몰아붙여 무언가를 해낸다는 것은 분명 쉬운 일이 아니지요. 나도 원형탈모까지 겪으며 억지로 공부하려고 노력해봤던 경험이 있어서 승원이에게 어느 정도 공감할 수 있어요. 하지만 인간은 기계가 아니라서 평생 매 순간 최선을 다한다는 것은 말이 안 되지요. 공부할 땐 몰입해서 하더라도 쉴 땐 제대로 쉬어주는 것은 정말 중요합니다. 그렇기에 의대에서도 꾸준히 장학금을 받으며 잘 해내고 있는 제자의 모습을 보면 너무 대견하고 멋지게 느껴집니다.

의학이라는 분야는 얼핏 보면 수학과는 전혀 관련없어 보일 수 있어요. 직접적으로 사용되지는 않을 수 있지만, 수학이 응용되는 부분이 있다고 생각합니다. 의대를 졸업하고 전공의가 되면 누구나 한 편 이상의 논문을 쓰는데, 최근에는 의과대학 학생들도 활발히 연구를 합니다. 학생 시절에 익힌 통계 분석은 논문 작성에 큰 도움이 되며, 교수가 꿈인 학생에게는 특히 필수 불가결한 요소라고 생각합니다.

또한 현대 의학은 근거를 기반으로 논리적 사고를 통해 진단과 치료를 결정합니다. 환자의 나이, 성별, 증상, 혈액 검사, 영상 검사 등을 토대로 가능한 감별 진단을 정리하고, 진단 기준에 따라 가장 가능성이 높은 질환을 찾지요. 치료 역시 이런 데이터에 기반하여 논리적으로 치료를 결정하고요. 수학은 기본적으로 논리적 사고를 발달시키기 때문에 수학 논리가 의학적 사고의 기반을 쌓는 데 많은 도움이 된다고 봅니다.

14

수학은 정말로 남는 장사

펜실베이니아 대학교 박성우

저와 이름이 같아서 기억에 남는 성우는 자기주장이 강하고 똑부러지는 학생이었습니다. 학업적으로 뛰어난 것은 물론이거니와 리더십이 좋고 친구들에게 인정과 신뢰를 받았지요. 성우는 목표였던 펜실베이니아 대학교(University of Pennsylvania)에 진학했습니다.

당시에 저는 성우가 수학을 잘한다고 생각했습니다. 매우 적극적이고 성실한 데다, 자신이 필요한 수학 수업이 방과 후 수업으로 열리지 못하면 수업을 듣기를 원하는 친구들을 직접 모아서라도 수업이 개설될 수 있도록 추진할 만큼 강한 행동력을 가진 학생이었습니다. 그런데 성우가 학창 시절에 수학을 많이 어려워하고 힘들어했다는 것을 뒤늦게 알게 되었습니다. 꾸준한 노력으로 싫어하고 힘들어했던 수학을 포기하지 않고 공부했기 때문에, 제 기억에는 수학을 꽤 잘하고 좋아하는 학생으로 남았던 거죠. 앞으로 성우가 훌륭한 경제학자가 될 것이라고 믿습니다. 수학은 재능의 유무를 떠나서 정말로 남는 장사라는 말에 격하게 공감하기 때문입니다.

선생님은 제가 수학을 좋아하고 잘한다고 기억하셨지만, 저는 수학의 신에게 외면받은, 그래서 그를 20년 동안 지독하게 쫓아다닌 사람이었습니다.

초등학교 5학년 때 단짝 친구와 공부방을 다니면서부터였던 것 같습니다. 제가 도저히 손댈 수 없는 심화 문제를 풀어내는 그 친구를 보면서 제 자신이 너무나도 초라하게 느껴졌고, 수학은 저에게 공포와 스트레스가 되었습니다. 6학년 때 다녔던 미국 학교에서도 마찬가지였습니다. 교내 경시대회에서 운 좋게 입상한 그 순간에도, 저는 수학을 진심으로 즐기는 친구들과 중학교 과정을 선행하는 수많은 한국인을 떠올리고 있었습니다.

수학 포비아는 한국에 돌아오고 중학교에 입학한 뒤 더 심해졌습니다. 이미 마음속으로는 수십 번도 넘게 수학을 포기했지만, 바닥으로 떨어진 자신감과 내신에서 발목을 잡힐 수 있다는 불안감 때문에 다른 과목보다 훨씬 더 많은 시간을 투자했습니다. 하지만 아무리 복습하고 예습하고 오답 노트를 만들어도 수학이 좋아지지 않았습니다. 이쯤 되면 불쌍해서라도 봐줄 법도 한데, 눈길조차 주지 않는 듯한 수학의 신이 원망스러웠습니다. 그래서 고등학교 3학년까지만 버텨보자고 마음먹었습니다. 열심히 해서 원하는 대학에 가면 수학을 평생 보지 않아도 되고 제가 하고 싶은 공부만 할 수 있을 거라는 희망을 품고, AP 수업을 겨우 버틴 거죠.

방과 후 보충수업이 개설되지 않자 보충수업을 꼭 개설해주면 좋겠다고 찾아왔던 성우를 기억합니다. 결의에 찬 눈빛으로 어떻게든 수업이 생기면 좋겠다고 호소했고, 그 덕분에 뒤늦게 보충수업을 개설했지요. 나로서는 퇴근 시간이 늦어지는 만큼 가족과 보낼 시간이 줄어들었지만, 그래도 열심히 공부하겠다는 학생이 있다는 사실에 기쁘기도 했지요.

고등학교를 졸업하고 대학을 다니다가 군대에 입대했고, 군 복무를 마치고 복학하면서 경제학으로 전공을 바꾸기로 결심했어요. 원래 공부하려던 커뮤니케이션이라는 전공이 다소 추상적으로 느껴졌고, 경제학이 다양한 사회 현상을 해석하는 능력을 기를 수 있도록 도와주는 학문이라고 생각했기 때문입니다.

이 선택으로 인해 다시는 수학을 공부하지 않아도 될 것이라는 희망은 사라지고, 또다시 수학과의 지독한 관계에 빠졌지요. 문학사(Bachelor of Arts) 전공 중 수학이 가장 많이 필요한 전공을 골랐으니 말이죠. 수업을 들으며 생산함수의 규모에 따른 수확을 측정하기 위해 이계도함수를 구하고 이윤 극대화 가격을 찾기 위해 라그랑주 승수와 편미분을 사용하면서, 오히려 고등학교 때보다 훨씬 많은 시간 동안 수학과 사투를 벌이고 있다는 걸 깨달았습니다.

그런데도 여전히 수학이 좋아지지 않았어요. 그리고 수학적 감각을 타고난 듯한 친구들이 수업 시간에 예리한 질문을 던지는 걸 보며 위축되었죠. 이때 두 번째 다짐을 했습니다. 경제학을 제대로 공부하고 싶다는 마음이 수학을 무서워하는 마음보다 크다면, 더 이상 징징대지 않고 정진하기로 말이죠. 이유는 간단했습니다. 좋아하는 것만 하면서 살 수 없는 것이 인생이고, 제가 원하는 목표로 가는 여정의 모든 부분이 수월하고 아름다울 순 없기 때문이었습니다. 그 후로 수학을 애증의 대상이 아닌, 자기 계발을 위한 도구로 여기기 시작했습니다.

수학을 좋아해야 한다는 강박에서 벗어나니, 수학이 가진 매력이 오히려 눈에 들어왔어요. 우선 답이 명확하다는 것이 매력적이었죠. 주관성이 개입되는 언어와 인문학의 경우 다양한 해석의 여지가 있다 보니 주관식 문제나 작문형 과제를 채점할 때 크고 작은 논란이 생기기 마련인데, 수학은 그렇지 않습니다. 맞으면 맞고, 틀리면 틀린 것입니다. 풀이의 세부적인 차이는 존재할지 몰라도 최종적인 답변은 하나이므로, 결과를 그대로 받아들여야 했지요. 다시 말해 수학은 알면 맞히고 모르면 틀리는, 깔끔하고 공정한 학문입니다.

또한 수학을 공부하면 멘털이 저절로 강해집니다. 초등학교 때부터 이어진 끝없는 오답 행진은 저를 고통스럽게 했지만 동시에 저를 견고하게 만들었습니다. 모르는 문제나 개념을 맞닥뜨렸을 때의 답답함과 심란함에 무뎌지다 보니 예전만큼 분노가 치밀어오르지 않았고, 정확히 어떤 부분이 헷갈리는지 최단 시간에 파악하고 가장 효율적으로 풀이법을 이해할 방법을 모색했습니다. 이렇게 얻은 맷집과 문제 해결 능력은 다른 과목을 공부할 때도 많이 도움이 되었고요.

무엇보다도 수학은 활용 분야가 무궁무진한 학문이에요. 수학을 통해 기를 수 있는 논리적 사고력은 개인의 전공이나 직업과 상관없이 가장 기초적이면서도 중요한 무기죠. 통상적으로 문과로 분류되는 분야에서도 본인의 주관적인 주장을 입증하려면 논리가 뒷받침되어야 하기에, 수학적 사고력은 말 그대로 그 누구에게나 유익한 도구라고 감히 주장해봅니다. 이는 앞으로 다가올 데이터의 시대에 더욱더 필수적인 자질이 되리라고 생각합니다. 알고리즘을 통해 시뮬레이션을 돌리고 결과값을 도출하는 것은 인공지능의 역할이지만, 그 알고리즘을 설계하는 것도 인간이고 문제 설정을 한 뒤 데이터를 해석하는 것 역시 인간의 역할이기 때문입니다.

제가 현재 공부하고 있는 경제학과 데이터과학에서도 수학은 떼려야 뗄 수 없는 학문입니다. 미적분이 최대 이윤을 구하기 위한 최적화 문제에 쓰이고, 선형대수학이 데이터 차원 축소에 활용되는 등 다양한 사례를 보면서 앞으로 쓸 일이 있을까 싶던 수학적 개념이 실생활 문제를 해결하는 데 핵심적인 역할을 한다는 것을 몸소 느끼는 중입니다.

모든 일에는 이유가 있다고 믿습니다. 마찬가지로 지금까지 저를 괴롭혔던 수학이 5개의 주요 과목 중 하나인 것 역시 이유가 있다고 생각합니다. 하지만 해야 하기 때문에 어쩔 수 없이 한다면 그 추진력이 일찍 바닥나기 십상이지요. 수학의 근본적인 필요성과 더불어 본인의 중/장기 목표를 달성하기 위해 수학을 왜 공부해야 하는지 거시적이고 개인적인 당위성을 꾸준히 찾는다면, 저처럼 수학이 달갑지 않은 사람들도 험난한 여정을 버틸 수 있겠지요. 그리고 꺾이지 않는 의지로 정진한다면, 수학은 그 누구에게나 충분히 남는 장사가 되리라 믿어요.

15

수학에 재미를 붙인 세 가지 비결

카이스트(KAIST) 정서경

폭발적으로 몰아치듯 공부하는 학생이 있는가 하면, 평온하지만 꾸준하게 공부하는 학생도 있습니다. 서경이는 후자에 속하는 학생이었습니다. 유난할 일 없이 무난하게, 성실하게 자신이 해야 할 일들을 잘 해냈지요. 자신의 뜻대로 카이스트에 진학한 서경이는 대학 생활이 꽤 만족스럽고 전산학을 공부하는 것도 재미있다고 이야기합니다.

초등학생 때는 수학에 흥미가 없었지만, 중학생 때부터 흥미를 가지기 시작했어요. 고등학생이 되었을 때는 수학을 좋아하고 열심히 공부하는 학생이 되었지요. 고등학교 재학 시절에는 교내 수학 경시대회에서 수상하기도 했고,

카이스트 진학 후에도 수학에 여전히 흥미를 갖고 있으며 요새도 틈틈이 공부하고 있습니다.

매우 단순하게도, 첫 번째 방법이자 가장 기본적인 방법은 꾸준하고 성실하게 공부하는 것입니다. 초등학생 때까지 수학의 수 자도 싫어했던 저는 이 공계에 뜻을 가져본 적이 없었어요. 그래서 수학 과목에 투자하는 시간은 적은 편이었죠. 그러다가 초등학교 6학년 때 처음으로 수학 선행학습을 시작했고요. 수업을 집중해서 듣는 습관 덕분에 반에서는 우등생이었지만, 대치동 학원을 다니는 우등생 친구들에 비해 진도가 느린 편이었어요.

부모님은 이런 상황에 대해 큰 스트레스를 느끼지 않게끔 해주셨어요. 다만 한 가지 원칙만 따르라고 하셨는데, '놀더라도 매일 수학을 한 문제 이상은 풀 것'이었습니다. 수학은 중간에 공부를 멈추면 머리가 굳고 원래대로 회복하려면 다시 많은 시간을 투자해야 하므로, 매일 적어도 한 문제라도 풀며 감을 잃지 말라는 것이었어요. 이런 습관을 들인 덕분에 하루도 빠지지 않고 매일 수학을 공부했고, 가파르든 완만하든 실력이 점차 올랐어요. 당장 점수가 안 나오더라도 수학에 대해 자신감을 가질 수 있었고요.

두 번째 방법은, 기초를 튼튼하게 쌓고 조급해하지 않는 것입니다. 저는 대치동 학원가의 영향을 받는 학군에서 자란 탓에, 정말 어려운 문제도 잘 풀고 선행을 많이 한 똑똑한 친구들이 많았어요. 승부욕이 강했기에 혼자 낙오될까 봐 불안할 때가 많았지요. 저는 학원에 다니지 않았기 때문에 그 불안함은 날마다 커졌고요.

부모님께서는 기초도 충분히 쌓지 않았는데 자신의 속도가 아닌 다른 사람의 속도를 따라가려고 하는 것은 시간 낭비라고 말씀하셨어요. 특히 수학

기초를 단단하게 쌓기 위해서는 수학의 정의를 정확하게 이해하고 암기해야 한다고 지도해주셨습니다. 수학은 정의에서 출발해서 논리와 상상력으로 이어가는 학문이라, 정의를 정확하게 익히지 않은 채 이론과 문제 유형을 외우는 것은 기반 공사를 충분히 하지 않은 채 건물을 쌓는 것과 마찬가지죠. 정의를 정확하게 이해하고 외워야만 이론을 증명하려 시도할 수 있었고, 이러한 시도를 바탕으로 이론을 제 것으로 만들 수 있었어요.

이렇듯 공부할 때 정의를 외우며 기초를 소홀히 하지 않도록 노력하다 보니 문제집을 풀 때 가장 많은 시간을 투자한 곳은 각 단원별 제일 앞부분의 개념 설명이었어요. 어려운 문제는 못 풀더라도 일단 개념만 완벽하게 나의 것으로 만들어놓자는 생각으로 공부했고, 수학 이론들을 문제집의 힘이 아닌 저만의 힘으로 정복할 수 있었어요. 이 과정에서 수학이 어떤 학문인지 서서히 알고 조금이나마 그 본질에 다가가는 느낌이 들었고, 수학에 흥미를 느끼는 계기가 되었습니다.

세 번째는, 호기심과 창의성을 소중하게 여겨야 합니다. 어린 시절부터 아버지께서는 사소하지만 엉뚱한 질문이 매우 소중하다고 하셨어요. 이는 수학을 공부할 때도 마찬가지였죠. 아버지께서는 문제집에 나오지 않은 풀이, 공부하고 있는 단원에 해당하지 않는 엉뚱한 풀이를 생각해낼 때마다 크게 칭찬해주셨고, 그 과정이 절대 시간 낭비가 아니라고 하셨어요. 스스로 공부할 때도 이 과정을 되풀이하다 보니, 수학 문제에서 풀이는 절대 하나로 정해진 게 아니라는 사실을 깨달았지요.

수학 문제에서 풀이는 한 가지가 아닌데, 문제집이 알려주는 한 가지 풀이만 알고 넘어가기에는 아쉽다는 생각이 들었어요. 그래서 흥미로운 문제가 나오면 쉬는 시간 혹은 자습 시간에 다른 풀이를 스스로 찾아내려고 애를 썼지요. 새로운 풀이법을 알아내면 문제집을 상대로 묘하게 승리한 것처럼 느껴서 흥미도 붙었어요. 가이드라인 없이 스스로 답에 도달하는 과정은 쉽지는 않았지만, 그 과정만으로 수학 실력이 많이 향상됐죠.

구체적인 지침이 아니라 추상적이라고고 느껴질 텐데, 똑같은 지침을 따라가더라도 어떻게 수학을 대하느냐에 따라 실력이 달라질 수 있다고 생각합니다. 저는 어릴 때는 수학을 좋아한 건 아니었기에 재능보다는 노력을 많이 했어요. 운이 좋게도 노력하는 방법을 일찍 깨우친 덕에 실력을 많이 향상시킬 수 있었고, 흥미를 느껴서 끊임없이 공부에 대해 동기가 부여됐지요.

그러니 선행학습을 하더라도, 책만 따라가며 기계적으로 공부하기보다는, 내용을 온전히 나의 방식으로 씹고 맛보고 소화하는 편이 더 의미 있고 재미있지 않을까요? 특히 수학은 그게 가능한 과목이라고 생각해요. 학창 시절 자신의 방식으로 수학을 정복한 기억은 대학 진학 후 다른 공부를 할 때도 의미 있게 활용할 수 있고요.

제가 전공하는 전산학부에서는 알고리즘, 프로그래밍언어, 운영 체제와 같은 기반 컴퓨팅과 인공지능, 컴퓨터 그래픽스 등 응용 컴퓨팅 분야를 다룹니다. 이론으로 들어갈수록 수학이 정말 많이 쓰이는데, 어떤 알고리즘이 가장 효율적인지를 분석하는 과정에도 수학이 들어가고, 인공지능과 컴퓨터 그래픽스를 연구할 때도 수학이 정말 중요하게 쓰여요. 기반 컴퓨팅 분야에서는 이산수학이, 응용 컴퓨팅 분야에서는 행렬이 많이 쓰입니다. 이산수학은 실수와 같이 연속적인 수학이 아닌, 정수와 같이 연속되지 않은 공간을 다루는 수학으로, 중학교, 고등학교 때 배우는 집합, 수학적 귀납법 등이 중요한 개념이에요.

서경이가 꼽은 수학을 좋아하게 된 세 가지 비결은 부모님의 도움이 컸습니다. 수학을 어떻게 대해야 하고 어떤 태도로 학습해야 하는지 올바로 이끌어주신 결과겠지요. 창의적인 풀이를 했을 때 더 많이 칭찬해주고, 과목이 아닌 학문으로서 수학을 마주하게 하신 혜안이 있었기에 지금의 서경이가 있었구나 싶습니다. 시험을 준비시킬 것인가, 아니면 인생을 풍요롭게 해줄 지식을 쌓게끔 도울 것인가. 현명한 부모라면 후자에 좀 더 무게를 두어야 한다고 생각합니다.

16

꿈을 위해 다시 시작한 공부

세종대학교 박도연

꼭 좋은 대학에 가야 성공하는 것은 아니라는 건 누구나 알고 있지요. 하지만 고등학교에서 담임을 오랫동안 맡다 보면 좋은 대학에 가는 것이 성공이라는 인식에 빠지곤 합니다. 그런데 도연이의 담임이 되어 대화를 나누다 보니, 어느새 도연이의 인간적 매력과 미래에 대한 포부에 빠져들었죠. 자신만의 소신과 하고자 하는 바가 있고, 그것을 이루기 위해 다양한 노력을 기울였거든요.

도연이는 내신이나 수능을 공부하기에도 바쁠 고3 시기에 자신이 목표했던 소프트웨어 대회에 나가기 위해 틈틈이 준비했어요. 그러면서 같이 대회를 나가는 후배들을 챙기는 데도 시간을 아끼지 않는 도연이를 보면서 열정과 리더십이 어떤 것인지 오히려 배웠습니다.

그래서 저는 도연이가 어느 대학에 가든 크게 성장할 학생이라는 것을 직감할 수 있었습니다. 제가 17년의 교직 생활을 마치고 캐나다로 이민을 간다는 소식을 전해 듣고, 도연이는 모든 스케줄을 뒤로하고 저를 찾아와주었습니다. 지금도 도연이가 크게 성공할 아이라고 믿습니다.

도연이는 졸업 후 세종대학교 소프트웨어학과에서 공부하다가 휴학하고, 지금은 모멘티(Momenti) 프론트엔드 및 한화 블록체인 사업운영팀에서 일하고 있습니다. 세상을 발로 뛰며 배우는 도연이를 보면서 저도 많은 교훈을 얻었습니다.

제가 초등학교를 입학한 이후부터, 어머니는 늘 신경이 곤두서 있었어요. 외동으로 태어나 자라서 학교 친구들이 너무 반가웠고 수업보다는 친구들과 이야기하는 것이 즐거웠거든요. 그런 제 모습이 선생님들의 눈에는 문제아처럼 보였던 것 같아요. 어머니는 선생님께 ADHD 검사를 받으라거나, 수업에 집중할 수 있도록 집에서 교육을 부탁드린다는 충고를 심심치 않게 받으셨다고 해요.

어느덧 고학년이 되었는데, 주말이면 늦잠을 자는 제가 우연히 새벽 5시경에 눈을 떴어요. 심심해서 TV를 켰더니 그 시간대에 유일하게 하던 방송은 EBS 채널에서 하던 〈학교란 무엇인가〉라는 프로그램이었습니다. 미국/인도/한국의 고등학생들을 취재한 방송이었는데, 당시 굉장한 충격을 받았어요. 제가 생각하던 고등학생의 모습은 늘 피곤한 얼굴에 학교에 갇혀 공부만 주야

장천하는 것이었는데, 프로그램에서 본 모습은 정말 달랐거든요.

특히 한국은 민족사관고등학교 학생들의 모습을 담고 있었는데, 배우고 싶은 과목을 직접 개설하고 책에 담긴 답을 외우기보다는 학우들과 함께 열띤 토론을 통해 결론을 찾으려 노력했어요. 체육, 음악, 예술의 비교과 활동도 동아리를 꾸려 주체적으로 하고 있었고요.

그날부터 제 모습은 180도 바뀌었습니다. 활발했던 제 성격을 잘 활용하여 그룹 활동에서는 항상 조장을 맡아 조별 활동을 주도했고, 호기심을 수업 시간에 적극적으로 활용했어요. 다양한 대회를 준비하며 비교과적인 부분도 놓치지 않으려 노력했어요. 제 인생에서 유일하고 가장 간절했던 바람, 즉 좋은 고등학교에 입학하고 싶다는 소망을 이뤘어요.

하지만 이것은 시작일 뿐, 끝이 아니었습니다. 목표했던 고등학교에 진학한 저는 더 이상 새로운 목표가 없었어요. 어떤 친구들은 의대에 진학하여 신경외과 교수가 되고 싶다거나, 물리학과에 진학하여 초끈이론을 더 깊이 다루고 싶다고 하는데, 저는 분명한 목적이 없었어요. 가뜩이나 전국에서 우수하다는 인재들만 모여 있는 학교에서 저는 참 많이 방황했지요. 학업의 슬럼프가 찾아올 때마다 이 공부를 왜 해야 하는지 목적을 분명하게 찾을 수 없었습니다.

그렇게 큰 성과 없이 졸업했습니다. 친구들이 캠퍼스의 낭만을 꿈꾸며 미래를 준비할 때 저는 바로 사회에 뛰어들었습니다. 당시 동갑내기 친구가 전동 킥보드로 모빌리티 사업을 한다고 했는데, 광고를 찍을 홍보 모델이 필요하다고 해서 이전에 포트폴리오를 찍었던 경험을 바탕으로 친구의 사업을 도왔습니다. 그러다 보니 자연스레 스타트업에 흥미를 느꼈어요. 서비스를 기획하고, 서비스를 사용하는 유저를 확보하고, 계속해서 사용자들에게 만족할 수 있는 기능을 업데이트하고. 그때 깨달았습니다. 나는 사람들과 소통하며 새롭고 재밌는 것을 만드는 것을 정말 좋아하는 사람이었다!

그래서 모빌리티 회사 SWING에 입사했고, 다른 개발자 및 디자이너와 협업하며 자연스레 개발에 관심을 느꼈어요. 기획하고 운영하는 것 또한 노하우와 많은 경험이 필요하지만, 나만의 특별한 기술을 갖고 싶었거든요. 그렇게 인생에서 두 번째 목표가 생겼습니다. 컴퓨터공학과에 진학하여 이런 서비스를 직접 기획도 하고 개발도 하면 얼마나 좋을까!

회사일과 수능 공부를 병행하기 시작했습니다. 이전과 달리 다시 목표가 생기니 몸과 마음이 힘들어도 버틸 수 있었습니다. 회사에서 개발도 틈틈이 배웠는데, 제가 하는 수능 수학 공부가 개발과 많이 연관돼 있다는 것을 알고 더 열심히 하게 되었지요. 수학에도 다양한 풀이 방법이 존재하듯이, 코딩으로 결과물을 얻는 데도 접근 방법 및 코드가 정말 다양할 수 있다는 점이 흥미로웠습니다. 그렇게 소프트웨어학과에 무사히 진학할 수 있었습니다.

제가 전공하고 있는 소프트웨어(컴퓨터공학)에서 수학은 근원이 되는 학문입니다. 수학이 빠지면 시체라고 할 만큼, 입학하자마자 다양한 분야의 수학을 기본으로 배워야 하죠. 수학자들이 찾아낸 유명한 증명을 컴퓨터 코드로 짜는 과제도 있고, 가위바위보로 이길 수 있는 확률을 코딩해보라는 문제가 시험으로 나오기도 합니다. 실무에서 코딩을 할 때 사용할 사고방식인 알고리즘이 모두 수학적인 원리에 근거하여 돌아가기 때문입니다. 그렇기에 수학을 싫어하거나 피한다면 개발자가 되는 데 큰 문제가 되죠.

17

인생의 다양한 가능성을 스스로 닫지 마세요

예일 대학교 황정민

정민이는 고집스럽게 자신의 원칙을 지키며 공부하던 학생이었습니다. 정민이가 3학년이었을 때입니다. 수학 수행평가에서 자신이 원했던 결과가 나오지 않자 담당이었던 저를 찾아와, 자신의 답에서 어떤 부분이 부족했는지 확인하고 싶어 했습니다. 수학 문제를 푸는 것이 아니라 자신의 생각을 글로 쓰는 문제이다 보니 주관적인 요소가 작용할 수 있었습니다. 정민이가 다녀간 후 저는 정민이의 성적을 수정해야 하는지 오랫동안 고민하며 정민이의 글을 다시 읽어보았고, 결국 점수는 변경하지 않는다는 결론을 내렸습니다.

결과를 알려주자 정민이는 다시 저를 찾아왔습니다. 자신의 답안을 다시 한번 설명하고 저를 설득하기 위해서였습니다. 이번에도 정민이를 설득하고 돌려보낸 후 전체적인 채점 기준을 바꿔서 다시 채점해야 하는지 또 깊이 고민했습니다. 하지만 이번에 내린 결론도 마찬가지였습니다.

며칠이 흐르고 정민이는 다시 저를 찾아왔습니다. 자신이 너무 성적에 집착하여 한쪽 논리로만 이해한 것 같고 선생님을 불편하게 해드린 것 같아 죄송하다고 말했습니다. 스스로 많은 생각과 고민을 하고 결론을 내린 뒤 자신의 실수를 바로잡으려고 찾아온 모습을 보고 저는 정민이가 참 용기 있는 학생이라고 생각했습니다. 정민이는 약간의 점수를 잃었지만, 그 대신 정신적으로 더 성숙한 사람이 되었습니다. 정민이는 자신이 꿈꾸던 예일 대학교에 당당히 합격한 후에, 선생님 덕분이라며 감사 인사를 전했습니다. 그리고 지금도 꾸준히 자신의 근황을 전하고 있습니다.

무엇이든 쉽게 포기하지 않고 고집스럽게 노력하는 자세가 정민이의 정체성이 아닌가 싶습니다. 또한 자신의 실수를 바로잡고 성숙해지려고 스스로 노력하는 것도 정민이의 매력입니다. 저는 이러한 것들이 정민이를 높이 날게 하는 원동력이라고 생각합니다. 정민이는 현재 예일 대학교에서 컴퓨터과학과 경제학을 동시에 공부하고 있습니다. 세계 최고의 명문대에서 하나도 제대로 하기 힘든 공부를 두 개나 하고 있다니, 정민이는 참 대단하고 존경스러운 학생입니다.

어렸을 때 저는 고집이 센 아이였다고 합니다. 무엇을 사달라고 조르거나 울지는 않았지만, 옳다고 스스로 판단하면 절대 타협하지 않는 고집불통이었답니다. 어머니께서는 제가 무언가 잘못하거나 거부하면 저를 '생각 의자'에 앉히셨습니다. 잘못을 인정할 때까지 의자에서 일어날 수 없게 했는데, 저는 몇 시간이고 앉아만 있어서 어머니가 두 손 두 발을 다 드셨다고 해요. 아마 저의 이런 고집을 일찍이 알아채셔서, 제가 학교에 입학한 이후부터 어머니께서는 제 학업이나 진로에 대해 일절 강요를 하시지 않으셨던 것 같습니다. 다만, 왜 공부를 해야 하는지 논리적으로 납득시켜주신 덕에, 제 고집과 욕심이 학업에 쓰이도록 좋은 방향을 잡아주셨어요.

사실 저도 공부를 좋아하는 별종은 아닙니다. 공부를 꼭 해야겠다는 원대한 의지도 없었고, 아무도 강요하지 않았어요. 그러나 음악을 전공하신 어머니에게 피아노, 바이올린 등 악기를 오랫동안 배우고, 미술 학원도 다니고, 태권도와 발레 등 다양하게 시도해봤지만, 그것만 하고 싶지는 않았습니다. 그때 어머니께서, 나중에 무엇을 하고 싶어지든 공부를 해두면 여러 가지 길이 열릴 거라고 하셨어요. 안 하면 문제가 생기는 것은 아니지만, 몇 가지 문을 스스로 닫는 꼴이 돼버리는 거죠. 그때나 지금이나, 저는 인생에 직업이 하나만 있으리라는 법도 없고 다양한 가능성을 열어두어야 한다고 생각했기 때문에 특별한 목표가 없는 제가 공부를 하는 것은 합리적인 선택이었습니다.

물론 이유가 있다고 해서 공부가 하고 싶어지지는 않았습니다. 지금도 수업에 가기 싫을 때가 많아요. 그러나 저는 어려서부터 배우는 것에 대한 고집이 강했고, 제가 성장하는 모습을 남에게 보여주는 것을 좋아했어요. 그런 자신감을 바탕으로 공부를 하면 성적도 좋게 나오고, '나는 좋은 학생'이라고 자각하게 되었습니다. 그러면 자신감이 붙어 공부에 정이 들기 시작하고, 성적이 더 좋아지는 선순환에 접어들었어요. "나는 공부를 잘할 수 있다"라는 자신감을 일찍 가진 것이 가장 도움이 되었습니다. 바꿔 말하면, 처음부터 스스로가 역량이 없다고 생각하는 학생들은 성적이 떨어지고 그로 인해 의욕도 없어지는 악순환에 빠지기 쉬울 수도 있습니다. 그렇기 때문에 본인이 공부를 해낼 수 있는 사람이라고 스스로 인식하는 것이 가장 중요합니다. 본인이 가장 잘 아는 본인의 장점을 의도적으로 팽창해도 좋습니다. 예를 들어 다른 과목을 잘 보지 못했더라도, 국어에서 한번 좋은 성적을 거두게 되면, 단순히 운이 좋았다고 치부하지 않고 본인을 칭찬하며 독해 능력을 바탕으로 다른 과목도 잘할 수 있다고 스스로에게 이야기하세요. 국어를 잘한다고 수학을 잘하는 건 힘들지 않냐고 생각하는 학생들이 많은데, 문/이과를 이분하는 마음가짐은 버려도 좋다고 생각합니다. 설령 문과 머리, 이과 머리가 따로 있다 하더라도 고등학교를 졸업할 때까지는 한 과목이라도 지속적으로 잘해온 학생아 아예 못 따라가는 과목은 절대 없습니다. 한국 입시, 미국 입시, 영국 입시 등 정말 다양한 입시를 경험해본 사람으로서, 어떤 시험을 준비하든 자신감과 잘하고 싶다는 고집이 안 통하는 입시는 없다고 단언할 수 있어요.

저는 학생이었을 때부터 구체적인 목표와 장래희망을 세우고 그것을 달성하기 위한 도구로써 공부를 하지 않았습니다. 그저 나중을 위한 길을 열어두고 싶었고, 간혹 있는 재미있는 단원을 공부할 때마다 느끼는 흥미와 희열이 좋았습니다. 그래서 대학교를 지원할 때도 "의사가 되고 싶다"라는 식의 구체적인 목표가 있다면 나쁠 것이 없지만, 만약 없다고 해도 스스로 공부를 해야 한다고 생각하는 이유가 한두 가지라도 있으면 그것만으로도 충분하다고 생각합니다. 저도 스스로 가치관을 정립해나가며 고등학교 1학년 때 학원을 그만두고 저와 비슷한 가치관을 공유하는 친구들에게 둘러싸여 안정적으로, 건강하게 공부할 수 있었습니다. 말보다는 글 위주의 학습자이자 집중 시간이 짧은 편인 저에게는 학원 수업이 효과적이지 않다고 스스로 판단했기 때문입니다. 물론, 사교육을 받지 않겠다는 결정이 특히 외대부고에서는 쉽지 않았습니다. 그러나 저에겐 소박하지만 내가 공부해야 하는 이유를 스스로 알고 있었고, 혼자서도 공부할 수 있다는 자신감과 고집을 바탕으로 흔들리지 않을 수 있었습니다. 저에게 맞는 환경에서 공부와 과외 활동을 자기주도적으로 하며 주체적인 학생으로서 성장할 수 있었고, 이제는 좋은 대학교 환경에서 다양한 학습을 할 수 있어 정말로 감사하고 행복합니다.

18

중요한 것은 기회를 만들려는 스스로의 노력

가톨릭대학교 강지후

저는 피만 봐도 현기증이 나는 사람입니다. 병원에 가서 주사를 맞아야 할 땐 아직도 식은땀이 납니다. 어느 날, 지후가 아이패드를 유심히 보고 있는 것을 발견하였습니다. 무얼 보고 있는지 궁금해 다가갔다가 기겁했지요. 지후가 보고 있었던 영상은 손바닥을 수술하는 장면이었는데 저에게는 너무나 무서웠어요.

지후는 고1 때부터 의예과에 가고 싶어 하는 학생이었습니다. 많은 것이 보장된다는 이유로 의대에 들어가기를 희망하는 학생들이 정말 많았는데, 지후는 좀 달랐지요. 이미 의학에 대한 지식과 간접 경험을 많이 쌓아두었습니다. 그리고 구체적으로 어떤 의사가 되고 싶은지 강한 열망이 있었어요. 열심히 입시 공부를 하다가 지칠 때면 잠시 수술하는 영상을 보고 다양한 수술 기법을 배우는 게 지후에게는 휴식이었던 것 같습니다. 지후는 구체적 목표가 있었고 그만큼 간절했기에, 가톨릭대학교 의예과에 멋지게 합격하여 이제는 자신이 꿈꾸던 의사가 되기 위해 노력하고 있습니다.

학창 시절에 어른들은 항상 이렇게 말씀하셨습니다. "학생의 본분은 공부란다." 놀이터에서 뛰어놀기를 좋아했던 초등학생 시절, 친구들과 떡볶이를 먹으며 수다 떠는 게 더 신났던 중학교 시절, 그리고 대학교에 가기 위해 입시를 치르는 고등학생 때까지조차도 그 말씀은 좀처럼 와닿지 않았어요. 하지만 12년의 학교 생활을 마치고 나서야 비로소 보이기 시작한 것이 있습니다. 지금도 저처럼 '대체 공부는 왜 해야 하는 거지?' 또는 '지금 공부하는 게 쓸모가 있긴 한 걸까?'라고 고민하는 학생들이 있을 거예요. 저도 그랬거든요.

대학교에 입학하고 깨달은 점은 그동안 제가 배워왔던 것들이 '세상을 바라보는 눈'이 된다는 것이었습니다. 어렸을 적 하루 종일 스도쿠를 풀거나 연산 놀이를 할 만큼 수학을 좋아했는데, 중학교에 입학한 후에는 공부에 대한 흥미가 다소 떨어진 때도 있었어요. 일명 '내신스러운' 수학, 유형을 암기해 짧은 시간 안에 실수 없이 문제를 푸는 방식을 체득하는 과정에서 공부에 대한 회의감이 많이 들었기 때문이죠.

저는 초등학생 때부터 의사가 장래 희망이었고, 의과대학에 합격하기 위해 치열한 입시를 치렀어요. 그 과정에서의 내신과 수능 공부가 허탈하고 무의미하게 느껴졌던 때도 있었지요. '의사가 될 건데, 기하와 벡터는 왜 배워야 하는 걸까?', '지금 배우는 미적분을 쓸 일이 있을까?'와 같은 생각이 머릿속을 맴돌았어요.

그런데 막상 의대를 입학하고 보니, 더 이상 볼 일이 없을 것만 같았던 물리와 수학이 첫 학기부터 필수 전공 과목이었어요. 다음 학기가 되고 나서 더 많은 과목을 배우게 되자 "아는 만큼 보인다"라는 말을 체감할 수 있었지요. 벡터와 상대속도 등의 물리 개념을 알아야 초음파의 원리를 이해하여 영상을 판독할 수 있고, 통계학을 배워야 질병을 진단하고 예측할 수 있었거든요. 이 모든 것이 불필요하다고 생각했던 것을 공부해야 이루어졌습니다. 세상은 아는 만큼 보이고, 공부를 통한 배움의 과정을 거쳐야 한다는 것을 깨달았지요.

공부는 우리를 창조적이고 독창적인 길로 이끌어주기도 합니다. 2022년 2학기 가을, 대학 교양 수업에서 리더들을 인터뷰한 후 리더십에 대해 발표하는 시간을 가졌습니다. 이를 계기로 의과대학을 졸업하신 선배님과 교수님과 대화하는 기회를 가질 수 있었습니다. 인터뷰와 다른 동기의 발표를 통해 다양한 리더들의 이야기를 들었지요. 의과대학을 졸업한 후 소아 재활 관리 앱을 개발하는 스타트업에 뛰어드신 선배님, 더마코스메틱(Dermocosmetic) 브랜드 CEO로 활동하는 의사 선생님 등의 이야기를 들으며, 의과대학을 졸업하고도 임상의학, 기초 의학 연구, 교수자, 전문 경영인, 법조인, 의학 전문 기자와 같이 수많은 길이 있다는 것을 알 수 있었어요. 배움의 결과는 결코 하나로 정형화될 수 없으며, 각자에게 개인만의 고유한 의미가 되어 또 다른 목표를 주는 이정표가 될 수 있음을 깨닫는 값진 경험이었습니다. 리더들도 학창 시절에 배운 것을 응용하고 활용함으로써 새로운 길을 모색했다는 공통점이 있었어요. 이렇듯 공부와 배움은 꿈을 이루기 위해서도 필요하지만, 동시에 새로운 꿈을 찾아 앞으로 나아가기 위해서도 필요합니다.

마지막으로, 공부는 인생을 배워나가는 과정이라고 생각해요. 고3은 학업으로 인해 가장 바쁘고 힘들었던 때였지만, 한편으로는 행복한 추억을 가장 많이 쌓은 시기이기도 합니다. 고난도 문제를 친구들과 함께 한 시간 넘게 붙들고 있다가 해결했을 때의 쾌감, 친구들과 삼삼오오 모여 모의고사를 풀고 난 뒤 간식을 나눠 먹을 때의 즐거움, 야간 자율학습을 끝내고 친구와 함께 기숙사로 돌아가며 각자의 꿈을 나누던 열정처럼, 배움의 과정에는 마음 따뜻해지는 추억들이 있었어요. 또 모의고사가 끝나면 학생들을 위해 직접 우쿨렐레를 연주하며 멋진 공연을 보여주신 담임 선생님과 저를 온전히 믿고 지지해주신 부모님 덕분에 힘든 시기를 웃으며 보낼 수 있었습니다.

공부를 학문적인 차원에서만 바라보았다면 해치워야 할 일, 버텨야만 하는 일로 제법 벅찼을 것입니다. 하지만 배움의 과정에서 같이해준 친구들, 이끌어주시고 응원해주신 선생님과 부모님, 꿈과 목표가 있었기에 행복을 찾을 수 있었습니다. 나무가 아닌 숲을 바라보며 공부한다면 그 속에서 내적인 충만감과 전인적 차원의 배움을 얻을 수 있으리라 믿습니다.

공부에서 가장 중요한 것은 기회를 만들려는 스스로의 노력이라고 생각합니다. 이 과목의 공부가 자신에게 어떤 의미인지, 나에게 잘 맞고 내가 즐겁게 임할 수 있는 공부법은 무엇인지 고민하는 능동적인 태도가 우선되어야 하는 거죠. 생명과학 내신 공부를 하다가 지루해질 때면 시험 범위와 연관이 있는 수술 영상이나 해부 영상을 보며 머리를 식혔고, 수능 물리학을 공부하다가 지칠 때면 관심 있는 물리 도서나 물리학을 바탕으로 한 의학 논문을 읽고 실험도 해보며 공부에 재미를 붙이려 노력했습니다.

학생일 때는 눈앞의 시험에 대한 압박감과 부담감에 치여서 몰랐지만, 돌아보니 공부란 세상을 보는 눈을 틔워주고 새로운 목표를 찾을 수 있도록 도와주며, 인간관계와 행복을 배워나가는 과정이었던 것 같습니다.

19

세상을 보는 새로운 눈, 미적분

토론토 대학교 이지민

지민이는 중국 최고의 대학인 칭화 대학교(清华大学)와 캐나다 최고의 대학인 토론토 대학교(University of Toronto)에 모두 합격한 학생입니다. 자신만의 공부법으로 꾸준히 성적을 향상시켰고, 대학을 선택하는 기준도 대부분의 학생들과는 달라서 중국과 캐나다 최고의 명문 학교들에 원서를 내어 당당히 합격하였습니다. 모든 학생들이 꼭 같은 길을 갈 필요는 없습니다. 특히 지민이처럼 자신만의 스타일로 공부하고 꿈을 찾아 나아가는 학생들은 언제 봐도 멋있습니다.

중학교 때까지는 공부를 잘하는 학생이었는데, 외대부고 국제트랙에 진학하면서 1학년 첫 시험 성적은 매우 좋지 않았어요. 처음에는 온갖 이유를 대며 자신을 다독였지요. "이렇게 공부를 잘하는 학생들 사이에서 이거라도 어디야. 다들 선행학습하고 왔을 텐데, 안 한 것치고는 참 잘했지. 다음 학기에, 다음 학년에 더 잘하면 되지." 하지만 그 후로 핑계를 대기보다는 나 자신에게서 문제점을 발견하려 노력했어요. 그리고 대부분 과목에서 성적을 잘 받을 수 있었죠. 방법은 의외로 간단했습니다. 해이해진 마음을 다잡고, 수업 시간에 수업 잘 듣고, 열심히 복습해서 좋은 성적 받기.

공부의 절대 비법은 '국영수를 중심으로 열심히 공부하기'라는 우스갯소리가 있는데, 지민이의 성적의 비결도 크게 다르지는 않아 보이네요. 수업 열심히 듣고 열심히 복습하기라니. 하긴, 비결이라고 특별해야 할 이유는 없겠지요. 말하긴 쉬워 보여도 꾸준히 수업을 듣고 열심히 복습하는 건 어려운 일입니다.

하지만 절대 간단하지 않은 과목이 있었습니다. 바로 수학이었어요. 수학은 아무리 노력해도 이해가 되지 않았고, 간신히 이해했다고 해도 시험에서는 제가 모르는 것만 물어봤어요. 1학년 때에는 그나마 어느 정도 이해할 수 있었고 풀 수 있는 것도 꽤 있었던 것 같아요. 하지만 2학년부터 총체적 난국이 시작되었어요. 이상하게 생긴 기호부터, 도대체 수학 문제를 푸는 건지, 차원을 넘나드는 연습을 하는 건지 모를 정도였어요. 자연수와 문자에 적응되어 이제 좀 미분을 할 수 있을 것 같으면, 삼각함수와 로그함수, 지수함수가 나와서 안 그래도 엉망인 제 머릿속이 엉킨 채 풀리지 않는 실뭉치가 되었죠. 못하는 과목이기에 더 열심히 하기는 했지만, 매번 스트레스를 제일 많이 주는 수학이 마냥 예뻐 보이진 않았어요. 미적분 전까지 배운 수학은 실생활에서 종종 쓰이기라도 하지, 미적분은 수학 시간 이외에는 쓰일 것 같아 보이지도 않았지요.

그렇다고 수포자는 아니었어요. 시험 기간마다 수학 때문에 울었지만, 왠지 미적분을 포기하면 앞으로 어려운 역경이 찾아왔을 때 더 쉽게 포기할 것만 같았거든요. 또한 수업 시간에 선생님들에게서 미적분이 실생활에서 적용되고 응용되는 사례들을 들으면 수학이 삶에 깊게 뿌리박혀 있다는 생각이 들어 새로운 흥미가 생기기도 했어요.

처음 은행에서 적금을 들었을 때쯤, 선생님께서 은행 적금 상품의 금리와 연/월/일 이자에 따라 원금이 불어나는 과정을 미분으로 설명해주셨어요. 막연히 금리의 퍼센티지가 높고 기간이 길면 좋다고 생각했는데, 같은 원금과 금리여도 이자가 붙는 시기에 따라 수령 금액이 달라진다는 사실이 매우 흥미로웠어요. 수알못이었던 제가 미적분에 처음으로 관심을 가지게 된 계기는 심오하고 학문적인 '흥미로운 수학 정리'라든가 '다른 학문과의 접목'이 아니라, 내가 든 적금의 원금이 만기까지 어떻게 변하는가 하는 것이었어요.

저는 조그마한 알약이 사람에 따라 다르게 작용하는 약학에 관심이 많았어요. 일반 고등학교보다 다양한 수업을 하는 외대부고였지만 약학과 관련해서는 배울 기회가 거의 없었는데, 방사능의 반감기에 대한 설명을 듣다가 약물의 체내 농도 또한 반감기로 설명된다는 것을 깨달았지요. 지금 생각해보면 이는 '에피파니(epiphany)'였습니다. 가장 쓸모없다고 생각했던 미적분이 최대 관심 분야를 설명할 수 있는 도구가 된다니.

이후에 미분을 통해 약물의 반감기는 물론이고 혈중 농도 최고치(Cmax)와 최고치일 때의 시간(Tmax)을 그릴 수 있었습니다. 혈중 농도 변화 곡선을 미분하여 기울기가 0인 지점을 찾아 최댓값을 구하는, 미분을 알면 아주 간단한 방법으로 말이죠. 또한 약물의 제형 중에 서방정이 있는데, 미분을 사용한 혈중 농도 변화 곡선을 통해 체내에서 더 많이, 오랫동안 신진대사되는 서방정의 차이를 정확히 이해할 수 있었지요. 이렇게 미분이 재미있어지기 시작했습니다.

3학년 때에는 적분을 배웠습니다. 더욱 어렵고 복잡해진 적분이 맘에 들진 않았지만, 적분으로 물체의 부피를 구하기 시작했을 때부터 다시 재미를 찾았죠. 원뿔의 부피를 구할 때는 원기둥의 부피인 에 1/3을 곱해야 한다고 외워서 풀기만 했어요. 적분을 활용하면 세상의 모든 물체의 넓이와 부피를 구할 수 있다는 것이 매우 재미있었고, 모든 넓이와 부피의 문을 열 수 있는 열쇠를 쥔 듯했습니다. 이렇게 미적분에 흥미를 느낀 후로는 미적분을 실생활에 활용하는 서적들을 읽고 최대한 이해해보려고 노력했어요. 새로운 것을 알면 알수록 미적분에 대해 처음 느꼈던 혼란스러움은 점점 사라져갔어요.

대학교에서 공부하고 있는 지금, 미적분은 생각보다 더 많이, 더 깊숙이 우리 삶에 들어와 있다는 것을 다시 한번 깨닫고 있어요. 인구의 변화를 예측하는 도시계획에도, 화학반응에도 미적분이 사용되죠. 더 나아가서는 하나의 약물이 체내에서 여러 가지 방법으로 신진대사되는 비율을 미분을 사용하여 구한 후, 수학적 모델을 구현시켜 동물 실험을 대체할 수 있습니다.

미적분을 하면서 깨달은 수학은 삶과 떼려야 뗄 수 없을 만큼 지독히 얽힌 학문이라는 것입니다. 앞으로 생각하지도 못한 어떤 것이 미적분과 연관되어 있을지 알아갈 생각을 하면 매우 기대가 됩니다. 과거에는 성적이 잘 나오지 않아 아픈 손가락이었던 수학도 반복된 학습으로 지금은 잘하는 과목 중 하나가 되었어요. 미적분은 '움직이니까 움직인다'라고만 편협하게 인식하던 세상이 어떻게, 왜 동적이며 입체적인지 깨닫게 해준 소중한 학문입니다.

20

공학자를 꿈꾸다 알게 된 수학의 아름다움

서울대학교 장우혁

현재 서울대학교 컴퓨터공학부에서 공부하고 있는 우혁이는 매우 우수한 학생들이 모여 있는 용인외대부속고등학교에서도 단연코 돋보이는 학업 능력을 보여준 학생이었습니다. 특히, 컴퓨터와 공학 분야에 재능과 꿈을 가진 학생이었습니다. 성적이 워낙 출중하다 보니 수시로도, 정시로도 서울대 컴퓨터공학부에 당연히 합격할 만한 인재였습니다. 또한 의대에도 무난하게 합격할 수준이었어요. 대학수학능력시험의 킬러 문항도 우혁이는 큰 어려움 없이 매번 맞혔고, 모든 과목에서 늘 안정적으로 최상위 점수를 받았지요.

그러다 보니 의외로 우혁이를 유혹한 것은 성적이 좋으니 공대보다는 의대를 가라는 의견이었던 것 같습니다. 하지만 우혁이는 컴퓨터공학에 정말 열광적이었고, 우리 사회가 필요로 하는 훌륭한 공학자가 될 자질이 충분했어요. 다행히 우혁이는 주변의 유혹에 흔들리지 않고 자신의 길을 택했습니다.

초등학교 1학년 시절에 과학 만화책을 재미있게 읽고 설명하는 모습을 본 어머니는 더 많은 과학책을 사주어야 한다고 깨달으셨다고 합니다. 과학의 다양성과 창의성에 감동한 저는 과학자를 꿈으로 가졌는데, 1주일 단위로 바뀌던 예전의 꿈들과는 달리 과학자의 꿈은 매우 오래 지속되고 있습니다.

초등학교 4학년쯤에 사회와 인생의 문제에 대해 관심을 가지고 인생의 의미를 고민하기 시작했죠. 이 시기에는 제 진로가 사회에 긍정적인 영향을 미쳐야 한다는 어렴풋한 관념이 생겼어요. 그래서 인류의 에너지 문제와 환경 문제 해결에 공헌할 신재생 에너지 과학자라는 더 구체적인 꿈을 가지게 되었습니다.

재미있는 사실은 이때까지 수학과 컴퓨터공학에 별 관심이 없었다는 사실입니다. 컴퓨터공학은 인식조차 못했고, 수학은 과학을 위한 도구쯤으로 인식했습니다. 수학에 대한 무관심은 저의 지적 게으름과도 관련이 있었습니다. 아무래도 수학책은 읽기만 해서는 이해하기 힘들었습니다. 수학책을 읽고 연관된 개념을 써보거나 문제를 풀어볼 생각은 하지 못했기 때문에, 어렸을 때 읽은 수학책 내용 중 많은 부분을 제대로 이해하지 못했고, 이해하지 못함에서 오는 불편함으로 인해 자연스럽게 수학에 대한 흥미가 덜해졌어요.

중학생 시절, 역시 매우 간단한 이유로 꿈이 무너졌어요. 제가 별로 이 분야에 관심이 없었기 때문이었지요. 기후변화를 막아야 한다고 생각하는 것과 에너지 관련 물리학 연구를 즐기는 것은 전혀 별개의 일이었어요. 저는 자연현상보다는 추상적인 관념에 흥미를 느꼈습니다. 말하자면 물질은 어떻게 구성되어 있는지보다는, 원자라는 아이디어 자체에 더 관심을 가진 것입니다.

컴퓨터공학이라는 분야를 발견한 데는 주변 사람의 도움이 매우 컸습니다. 당시 수학 선생님께서 수학과 전산학에 관련한 진로를 추천하셨고, 친한 친구는 제가 파이썬을 배우는 데 도움을 주고 같이 개발 프로젝트를 진행하기도 했어요. 컴퓨터공학을 처음 접했을 때 느낀 점은 매우 재미있다는 것이었고, 나름대로 재능도 있는 것 같았어요.

컴퓨터공학이 제가 걸어갈 길이라고 확신한 것은 인공지능과의 연관성 때문이었어요. 이 당시 미래학 책을 읽었는데, 대부분의 미래학 책이 그렇듯 입증할 수 없는 진단과 예측, 저자만의 철학을 바탕으로 한 논의가 담겨 있었어요. 대신 인공지능의 가능성에 대해 깊은 인상을 심어주었지요. 또 중학교 2학년 때 벌어진 알파고 대국을 통해 인공지능이 먼 미래의 이야기가 아니라 현대 사회에서 이미 유망한 분야임을 알게 되었습니다. 이렇게 컴퓨터공학이 사회에 기여할 수 있다는 확신을 가지게 되었지요.

고등학교로 진학해서는 수학에 대한 관심이 깊어졌어요. 주로 연구 등의 비교과 활동을 통해 인공지능을 배우게 되었는데, 이 과정에서 수학이 인공지능에서 중요한 역할을 한다는 사실을 이해하게 되었어요. 예를 들어 인공신경망의 원리는 입력, 가중치, 출력을 행렬과 선형대수를 이용해 표현되지요. 그리고 학교에서 방과 후 수업으로 통계학을 배우면서 수학의 실용성을 느꼈어요. 우선 통계학이라는 학문 분야 자체가 일상에서 수집한 데이터를 분석하는 점에서 매우 실용적일 뿐만 아니라, 베이즈 통계에서 정보를 해석하고 지식을 추출하는 방법에서는 철학적 함의가 있음을 알았고, 수업에서 통계를 이용한 여러 연구 사례를 접하면서 통계학이 세계를 바라보는 관점을 바꾸고 이를 통해 일상생활에서 변화를 일으킬 수 있음을 알았지요.

마지막으로 교과 공부를 통해 수학의 아름다움을 깨달았어요. 어차피 교과 공부를 주로 해야 하는 고등학생 입장에서, 그나마 재미있는 게 수학이었거든요. 수학이 재미있어진 이유는 반복적인 고등학교 교과목 중에서 수학 문제에 가장 많은 변형과 응용이 있기 때문이었어요. 문제 풀이의 아름다움은 시의 간결한 표현을 아름다운 글씨체로 적어 내릴 때 느끼는 아름다움과 비슷하다고 생각합니다. 또 문제가 풀리면 고민이 해결되는 것 같은 쾌감이 느껴졌지요. 또한 수학 문제를 푸는 방법을 구하는 것이 알고리즘을 짜는 것과 비슷한 듯 느껴졌어요.

저에게 수학은 그 다양성을 말로는 설명하기 힘든 또 하나의 세계인 것 같습니다. 그 세계에서 저는 수학적 개념의 다양성과 창의성, 사회에 공헌하는 직업, 재미, 수학의 아름다움 등을 발견했고, 그게 제가 수학을 공부하는 이유가 되었어요.

어차피 해야 하는 교과 공부 중에서 수학이 그나마 다양한 변형과 응용이 있어서 재미있었다는 말이 와닿습니다. 수학이 가장 어렵고 힘들다고 느낄 수도 있지만, 그게 누군가에게는 가장 재미있는 요소가 되기도 하지요. 수학이 재미있을지 없을지는 직접 해보기 전에는 알 수 없어요. 타인의 요구에 이끌려가기보다는 스스로 직접 해보는 경험으로 수학의 가치를 판단하려고 노력한다면 그게 정말로 의미 있지 않을까요?

21

재능과 노력의 균형을 잡는 영리함

고려대학교 홍준식

자신만의 우직한 공부법으로 학창 시절을 보낸 준식이는 현재 고려대학교 의예과에서 공부하고 있습니다. 자기 관리를 잘하는 학생이었기에 입시가 다가올수록 자신이 무엇을 해야 하는지 스스로 판단하고 미리 준비하는 대견한 학생이었습니다. 자신이 잘하는 것이 무엇이고 어떤 부분이 약한지 잘 알고 있는 학생이었기 때문에, 강점을 강하게 만들고 약점을 보완하기 위해 노력했어요. 그리고 무엇을 우선순위로 두고 공부를 해야 하는지도 꾸준히 고민했지요. 또한 주어진 시간을 정말 효율적으로 쓸 줄 알았어요.

공부를 할 때 노력도, 재능도 필요하지만, 이 두 가지의 균형을 맞추기 위해서는 영리함이 중요하다고 생각해요. 처음으로 영리함이 필요하다는 걸 느낀 건 3등급 방어선에 대해 이야기를 들은 후부터입니다. 고등학교에 들어오면서부터 성적 향상 같은 전형적인 한국식 교육에 신경 쓸 수밖에 없었습니다. 특히 등급제라는 고등학교의 새로운 시스템에 적응해야 했어요. 이를 위해 상담도 받아보고 여러 조언을 들어봤지만, 결국 3등급 방어선이 가장 효과적이었어요.

점수의 절댓값이 아닌, 상대값인 등수를 기준으로 등급을 매기는 고등학교 성적의 시스템상, 좋은 성적을 위해서는 남들보다 점수를 잘 받는 것이 핵심이었어요. 이때 자신이 잘하는 과목은 3등급 위의 1, 2등급을 목표로 잡고, 그렇지 않은 과목은 3등급을 유지하는 것을 목표로 삼으라는 것이 바로 3등급 방어선입니다. 이 간단한 규칙은 고등학교 생활에 큰 변화를 주었어요. 무식하게 모든 과목을 완벽하게 하지 않고 과목마다, 분야마다, 심지어는 학기마다 다른 전략으로 성적을 유지한다는 개념은 공부를 '영리하게' 해야 한다는 깨달음으로 이어졌고, 이후 모든 학업과 관련된 결정에서 선택의 근간이 되었지요.

다양한 환경과 시스템에 대한 적응의 시기인 1학년을 지나 본격적으로 공부량이 늘어나는 2, 3학년에 올라가며 전략에 대한 고민은 더욱 깊어졌어요. 맞는 과목이 있고, 맞지 않는 과목이 있었어요. 수학, 과학은 자연과학적이고 원리 중심적인 특성을 가져서 편안하게 느껴지고 좋았지만, 국어, 사회, 역사 같은 과목은 잘 이해가 가지 않고 왜 틀린 줄도 모르는 경우가 꽤 많았거든요. 다양한 과목에 대한 스스로의 특성을 어느 정도 파악하자, 공부 방법은 그게 맞게 자연스럽게 짜졌습니다.

성적을 위한 공부 이후로도 영리함은 분야를 가리지 않고 빛을 발하고 있어요. 대학교에 들어온 후 드럼을 배우면서도 그랬어요. 가만히 앉아 머리만 쓰는 공부와 달리, 팔다리 전부 써가며 음악을 만드는 드럼에서도 리듬감이라는 재능과 완성도라는 노력이 필요했어요. 어떤 부분에서 박자를 잘못 치는지, 어떤 이유로 빨라지거나 느려지는지, 어떻게 하면 올바른 박자에 팔다리를 분리해서 칠 수 있는지 파악하고 고쳐나가는 것은 공부의 피드백 과정과 다를 바가 없었지요.

누구에게나 주어진 시간과 에너지는 한정되어 있어요. 나도 학창 시절에 세계사와 중국어가 그렇게 공부하기 힘들었거든요. 언제, 무슨 사건이 일어났었는지 외우고 외우다가 잠들고 일어나면 몽땅 다 잊어버리곤 했어요. 결국 억지로 노력해서 점수를 만들고 시험이 끝나면 몽땅 잊어버린 기억이 납니다. 그러니 잘하는 것과 못하는 것을 구분하고, 어떤 노력을 얼마만큼 기울일지 영리하게 찾아내는 것은 성적을 잘 내는 데 도움이 되겠지요.

그러면 영리함은 어떻게 키워야 할까요? 노력과 재능 사이를 연결하는 영리함은 결국 스스로에 대한 이해와 파악을 근본으로 하는 것 같아요. 자기 자신을 제대로 이해하고, 어떻게 효율적으로 활용할 것인지 정하는 것이 가장 중요하다는 말이죠.

공부가 어렵다고 느껴질 때면 언제나 나에게 부족한 것이 재능인지 노력인지, 한 가지만 필요한 것처럼 보이는 시스템이 불공평한 건 아닌지, 고민이 수도 없이 떠오르겠지요. 그럴 때마다 현명하게 어려움을 헤쳐나가기 위해서는 고민만 할 게 아니라 나의 강점과 약점, 과한 부분과 부족한 점을 끊임없이 성찰해야 할 것입니다.

공부를 잘하는 학생은 자기 자신의 사용법을 아주 잘 이해하고 있는 사람인 셈입니다. 자신을 객관적이고 냉철하게 분석할 수 있다면 스스로를 목표하는 방향으로 이끌어갈 수 있지 않을까요?

21명의 학생들에게 물었습니다.

학생들의 선행학습 평균치는 어느 정도였을까요?

학생들의 선행학습 평균치는

중학교: 약 1년 정도의 선행학습

고등학교: 약 한 학기 정도의 선행학습

❖❖❖

자신의 수학 학습의 원동력을 재능과 노력으로 나누었을 때 각각 몇 퍼센트라고 생각하나요?

이 책을 만드는 데 참여해준 21명의 학생들은 대단히 수학적 재능이 높은 학생입니다. 하지만 학생들은 스스로 생각하기에 자신의 수학 학습의 원동력은 재능이 25% 미만, 노력이 75% 이상이라고 대답했습니다. 재능에 자만하지 않고 겸손하게 노력하는 학생이 최고의 결과를 얻는 것입니다.

❖❖❖

자신의 학습에 부모님은 어떤 도움을 주셨나요?

* 인생의 목적이 있다면 무엇인지, 그 궁극의 목적을 달성하기 위해 공부를 하는 것이라면 우리의 삶에서 공부의 목적/역

할은 무엇인지, 이런 이야기를 어렵지 않게 어릴 때부터 나와 계속 나누어주셨다. 그 덕분에 근본적인 동기 부여가 되었다.

* 좋은 학교, 선생님, 책을 알아봐주시되, 감시나 강요하지 않으셨다.
* 성적 및 진행 상황을 체크해주며 필요한 과목에 대해 보충해주셨다.(과외/학원/학습지 등을 통해)
* 집에서 학업 분위기를 조성해주셨다.(특정 시간대에는 모두 공부하기로 약속함)
* 시험이 끝나면 충분한 보상을 허락하셨다.(게임/영화 무제한 시청 등)
* 집에서 공부에 집중하지 못하는 모습을 보시고 도서관/독서실에 보내주셨다.
* 성적이 떨어지더라도 무섭게 훈계하시지 않고 응원해주셨다.
* 힘이 들거나 스트레스가 심하면 기도해주셨다.
* 집에서 부모님도 공부나 할 일을 하고 계셔서 공부할 분위기를 조성해주셨다.
* 학업을 대하는 나의 방식을 존중해주셨고, 나를 믿어주셨다.
* 시험 결과에 일희일비하시거나 매번 결과에 따라 보상을 주시지는 않으셨다.
* 학업 성적에 대해 압박하지 않으셨고, 성적이 좋았을 경우 칭찬을 아끼지 않으셨으며, 항상 자만하지 말라고 가르침을 주셨다.

* 다양한 직업에 대해 설명해주시며 꿈을 가지고 공부할 수 있도록 도와주셨다.
* 공부 시간, 공부량, 공부 방식 등 나의 학습법을 온전히 신뢰하고 지지해주셨다.

❖❖❖

학창 시절에 가장 효과적이었던 시간 사용은 어떤 것이 있나요?

* 고등학교 때, 점심시간을 쪼개서 연습 문제를 매일 한 세트씩 풀었다.
* 스터디 플래너 사용. 고3 때 학교에서 단체로 스터디 플래너를 제공했는데, 스터디 플래너를 처음 사용해봤는데 정말 좋았다. 나는 미리 장기적인 계획을 짜는 것을 좋아하는데, 1년, 한 달, 일주일, 하루, 한 시간 단위로 세분화되어 장단기 계획을 꼼꼼하게 세울 수 있어서 좋았다. 안타깝게도 이 플래너는 바로 다음 해에 단종되어서 대학 진학 후부터 지금까지 쭉 다른 플래너를 사용 중이다. 계획을 완전무결한 그대로 지키기란 굉장히 어렵지만, 눈에 보이게 기록하며 하루하루 살아가면 목표 근처에라도 갈 수 있다.
* 중학교 시절 심야에 라디오를 틀어놓고 바닥에 엎드려 단순 수학 문제를 많이 풀었던 기억이 있다. 수학 실력 향상

에는 도움이 안 되었을 수도 있지만, 편안한 분위기에서 혼자 즐겁게 공부한 경험은 과목에 대한 거부감을 줄이는 데 도움이 되었던 것 같다.

* 개인 학습 노트를 만들어 정답을 가리며 시험에 대비했다.
* 통학 시간에 짬짬히 암기했다. 친구들과 학습에 대해 얘기한 시간. 다른 친구들도 내가 어려워하는 걸 어려워하는지, 다른 친구들은 어디에 중점을 둬야 한다고 생각하는지 등을 들으며 공부하는 동기를 부여했던 것 같다.
* 시험 기간에 내가 공부해야 할 총량을 과목마다 미리 파악하고 남은 시간에 맞춰 각 날짜별로 무엇을 얼마나 공부할 것인지 미리 계획을 짜놓았다.
* 쉬는 시간 이후에도 과부하가 온 것 같거나 머리를 식히고 싶을 때, 음악을 들으며 수학 문제/과학 문제를 기계적으로 풀었던 것이 나의 실력 성장에 큰 도움이 되었던 것 같다.
* 아침에 눈뜨자마자 기숙사를 나서서 아침 식사와 조례 전까지 공부한 시간, 쉬는 시간마다 짜투리 공부한 시간.
* 고등학생 때 스트레스 해소를 위해 일주일에 2~3번씩 풋살을 하고 친구들과 운동장을 산책하거나 수다 떨면서 학교에서 주는 야식을 같이 먹었는데, 친구들과 같이 즐거운 시간을 보냈던 것이 역설적으로 동기 부여에 가장 도움이 되었다.
* 중학교 시절 매일 줄넘기하기. 꾸준히 운동하는 것이 공부

를 비롯한 모든 생활에 도움이 되었다.

* 당일에 배운 내용은 당일 야자 시간에 복습하기. 그날 배운 내용은 그날 해결해야지 제 것으로 만들 수 있었다.
* 점심시간에 산책하기/밤에 운동장 달리기.
* 친구들과 함께 퀴즈 내며/서로 가르쳐주며 공부하기.
* 고등학교 때에 마지막 수업이 끝나고 저녁 시간 전에 30분에서 1시간씩 운동했다. 스포츠가 아니더라도 유튜브 영상을 따라 홈트를 했는데, 열심히 움직이고 씻고 맛있게 밥을 먹고 새롭게 시작된 느낌으로 야자를 하는 게 참 좋았다.

❖❖❖

학창 시절에 가장 낭비한 시간 사용은 어떤 것이 있나요?

* 목적의식 없는 무분별한 유튜브 사용. 볼 필요가 없는 영상들을 알고리즘에 따라서 그냥 멍하니 보고 있는 나를 발견할 때 현타가 온다.
* 내가 해본 모든 경험은 어떤 형태로든 나에게 남아 언젠가 도움이 된다. 그것이 웹툰을 본 것이든, 게임을 한 것이든, 친구들과 밤새 놀았든 간에, 뭐가 되었든 도움이 된다. 배울 것이 있다고 여기고 그걸 찾아내려는 의지가 있다면 세상에 의미 없이 보내는 시간은 없다.

* 공부에 대한 의지가 강하지 않았지만 노력해야 한다는 마음에 방학 내내 독서실만 다니며 낭비한 시간. 하루 종일 공부할 수 없는 심리적 상태일 땐 다른 활동(운동, 교과 외 활동 등)과 병행해도 좋다. 학습 성취도가 안 나와도 다른 경험을 쌓으며 인생을 배울 수 있다.
* 새벽에 졸면서 책상 앞에 앉아 있던 시간(잠을 깰 거면 확실히 깨든가, 차라리 잠을 자고 일찍 일어나서 등교하는 게 더 효과적이다.)
* 남들이 학원 다닌다고 심화반에 들어가서 수업을 들은 것. 그때는 친구들이 하는 대로 수업을 받지 못하면 시험에서 엄청 뒤처질 것이라고 생각했는데, 지금 보니 개념과 유형도 완전히 체화되지 않은 상태에서 어려운 문제만 풀려고 했던 것이 시간 낭비였다.
* 매일 자기 전 인터넷으로 웃긴 글/사진/영상을 30분씩 봤다.
* 핸드폰 하는 시간. 고등학생 때는 밤에 취침 시간을 좀 더 지킬걸 하는 생각이 든다. 괜히 늦게까지 하다가 다음 날 낮에 많이 졸았다.
* 새벽에 유튜브를 자주 봤다.
* 필요 이상의 SNS 사용
* 시간이 날 때마다 생산적인 일을 하는 대신 바로 핸드폰 여는 것이 낭비적이었다. 물론 현재도 그러고 있지만.

나가며

용인한국외대부속고등학교가 개교한 해부터 17년간 교사로 재직했다. 그곳에서 나는 자신의 꿈을 펴기 위해 노력하는 많은 학생을 도우며 시도했고, 그 과정에서 학생들로부터 오히려 많은 가르침을 받았다. 분수에 넘치게 사랑받았고 그들의 삶에 영향을 주었다. 그러한 경험은 교사로서 누릴 수 있는 최고의 행복이었다. 가능하다면 앞으로도 아끼는 제자들과 평생을 알콩달콩 교류하며 살아가고 싶다.

2022년 3월에 필자는 재직 중이던 용인외대부고를 퇴직하고 지금은 캐나다로 이주하여 새로운 삶을 살고 있다. 이미 어느 정도 기반이 만들어진 안정적인 삶을 뒤로하고 새로운 삶의 터전으로 이주하여 도전한 데에는 목표를 스스로 만들고 열심히 노력하며 그렇게 얻어진 결과를 나에게 자랑스럽게 보여주었던 제자들의 삶에서 많은 영감을 받았기 때문이기도 했다. 새로운 세상이 주는 두려움보다는 희망이 컸고, 그곳에서 모르는 것이 생기면 거기에 맞는 공부를 다시 하면 된다고 생각했기 때문이었다.

$$(1.01)^{365} \approx 38$$

이 수식이 알려주는 교훈은 간단하지만 아주 강력하다.

어제의 나보다 딱 1%만 성장하려고 노력한다면 1년이 지나면 약 38배 성장할 수 있다. 수학이 알려주는 진리다. 성실하게 노력할 자세만 되어 있다면 반드시 꾸준히 성장할 수 있다고 믿는다. 이 책을 읽고 있는 독자들도 자신의 인생을 바꿔줄 공부가 있다면 어떤 것이든 진심으로 도전해보길 바란다.